Dr. Beeram Hima Bindu
Prof. Manjula Bhanoori

Biogénese mitocondrial na patogénese da endometriose

Dr. Beeram Hima Bindu
Prof. Manjula Bhanoori

Biogénese mitocondrial na patogénese da endometriose

Papel do número de cópias do ADN mitocondrial na endometriose

This book is a translation from the original published under ISBN 978-620-6-17981-8.

Publisher:
Sciencia Scripts
is a trademark of
Dodo Books Indian Ocean Ltd. and OmniScriptum S.R.L publishing group

120 High Road, East Finchley, London, N2 9ED, United Kingdom
Str. Armeneasca 28/1, office 1, Chisinau MD-2012, Republic of Moldova, Europe
Printed at: see last page
ISBN: 978-620-7-72966-1

Conteúdo

Dedicado a...

**Os meus queridos pais
Sra. Beeram Bharathi
Shri. Beeram Yadagiri Reddy**

Capítulo 1

Introdução

1. Endometriose

A endometriose é uma das doenças ginecológicas mais comuns, na qual o crescimento de tecido semelhante ao endométrio é encontrado em locais fora da cavidade uterina (Zondervan et al., 2018). Observa-se principalmente na área pélvica, incluindo os ovários, os ligamentos e as superfícies peritoneais, bem como o intestino e a bexiga (Lin et al., 2018) (Figura 1.1). É uma doença dependente do estrogénio, fortemente influenciada pela alteração cíclica das hormonas esteróides, e conduz a condições inflamatórias na cavidade pélvica em mulheres em idade reprodutiva, causando dor pélvica crónica e infertilidade (Falconer et al., 2007; Zhang et al., 2012; Yen et al., 2019). A hemorragia cíclica de implantes endometriais ectópicos leva ao desenvolvimento de inflamação, cicatrizes e aderências, que produzem dor pélvica crónica e sintomas como fadiga, dismenorreia, dispareunia, disúria ou disquezia (Kvaskoff et al., 2015). O mecanismo subjacente à endometriose e ao seu fracasso reprodutivo é incerto e continua a ser uma doença clinicamente reconhecida há quase 150 anos, mas sem uma etiologia bem descrita.

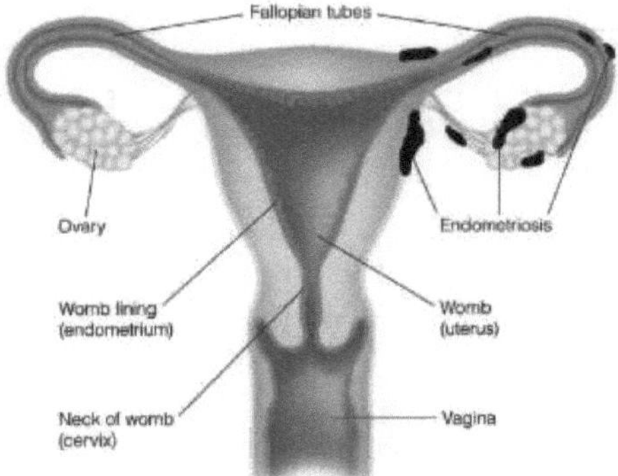

Figura 1.1 Representação da endometriose e sua provável localização (Fonte: Adotado de https://nitubajekal.com/endometriosis).

1.1 Endométrio

O endométrio é o revestimento interno da mucosa do útero, cuja principal função é proporcionar um local adequado para a implantação e o desenvolvimento do zigoto. É um tecido altamente dinâmico que sofre variações cíclicas em cada ciclo menstrual durante os anos reprodutivos. Sob a influência da alteração do meio hormonal, a proliferação, diferenciação e apoptose celulares ocorrem em associação com alterações na composição da matriz extracelular (MEC) e no tráfico de leucócitos (Figura 1.2).

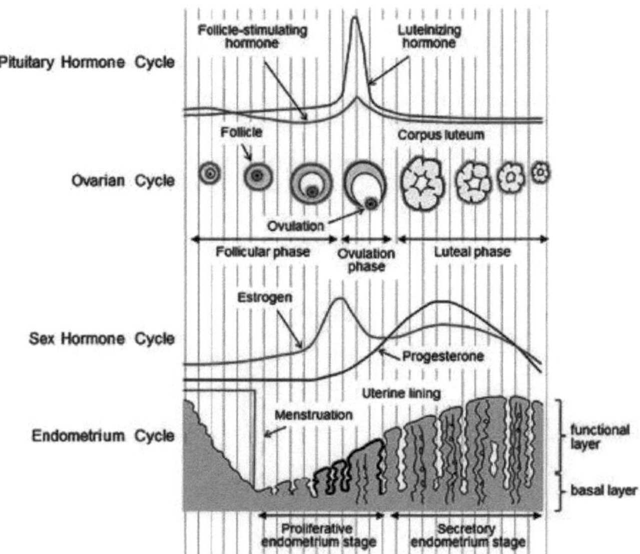

Figura 1.2 Alterações cíclicas do endométrio em resposta às hormonas durante o ciclo normal (Fonte: Adotado de Kai et al., 2021; https://pubmed.ncbi.nlm.nih.gov)

1.1.1 Histologia do endométrio

Nos seres humanos, o endométrio constrói um revestimento, que é periodicamente eliminado ou reabsorvido se não ocorrer uma gravidez. A descamação do revestimento endometrial funcional nos seres humanos é responsável pela hemorragia menstrual durante os anos férteis da mulher e durante algum tempo depois. Em mulheres em idade reprodutiva, o endométrio é composto por três camadas histologicamente distintas (Salamonsen et al., 2007). Estas camadas estão presentes apenas no endométrio que reveste a cavidade do útero (Figura 1.3).

A. A camada mais profunda adjacente ao miométrio e abaixo da camada funcional é o stratum basalis, que é a camada persistente que sofre alterações mínimas durante o ciclo menstrual. É a partir desta camada que se desenvolve a camada funcional.

B. A camada intermédia, o estrato esponjoso, é caracterizada pela presença de Estroma esponjoso.

C. A camada mais fina e superficial é o stratum compactum.

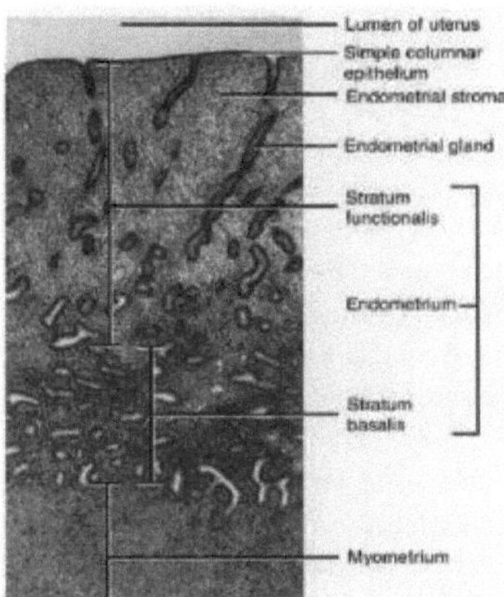

Figura 1.3 Histologia do endométrio (Fonte: Adotado de https://slidetodoc.com).

As duas últimas camadas sofrem alterações dramáticas e características durante o ciclo menstrual, culminando com a descamação menstrual, pelo que são frequentemente designadas em conjunto por stratum functionalis. Está adaptado para proporcionar um ambiente ótimo para a implantação e o crescimento do embrião. Toda a camada funcional (functionalis) do endométrio é eliminada aquando da menstruação. Na ausência de progesterona, as artérias que fornecem sangue ao estrato funcional contraem-se, de modo que as células desse estrato se tornam isquémicas e morrem, levando à menstruação (Critchley et al., 2020).

1.2 Prevalência de endometriose

Estima-se que afecte 5-10% das mulheres em idade reprodutiva a nível mundial (Warren et al., 2018). Entre as mulheres assintomáticas, a prevalência varia de 2 a 11%, 5 a 50% das mulheres com infertilidade, e 5 a 21% entre as mulheres hospitalizadas por dor pélvica e as mulheres mais afectadas têm entre 25 e 35 anos de idade (Kalaitzopoulos et al., 2020). Entre as adolescentes sintomáticas, sabe-se que afecta 49% das que sofrem de dor pélvica crónica e 75% das que sofrem de dor que não responde ao tratamento médico (Nnoaham et al., 2011). As mulheres afectadas têm uma qualidade de vida prejudicada devido à dor pélvica crónica e a outros sintomas clínicos. No entanto, com base em estimativas de prevalência de sintomas na comunidade, a endometriose afecta provavelmente 10% de todas e 30%-50% das mulheres sintomáticas na pré-menopausa. Isto representa ~176 milhões de mulheres afectadas em todo o mundo (Zondervan et al., 2020).

1.3 Sintomas

1.3.1 Dor pélvica crónica

A dor é um dos principais sintomas da endometriose e tem um efeito deletério na vida pessoal e social da doente. Até à data, o tratamento clínico da dor inclui medicação prolongada e, nalguns casos, cirurgia, ambos eventos perturbadores para as doentes. A inflamação é um dos factores causadores da dor na endometriose. A dor associada à endometriose deve-se às lesões e à inflamação dos tecidos circundantes. Muitos estudos demonstraram que a hemorragia cíclica de implantes endometriais ectópicos leva ao desenvolvimento de inflamação, cicatrizes e aderências, que produzem dor e sintomas debilitantes (Nnoaham et al., 2011). Está bem estabelecido que os mediadores inflamatórios promovem a angiogénese e interagem com os neurónios sensoriais, induzindo o sinal de dor. A intensidade da dor é variável e depende do estado e da localização da doença. A apresentação clínica da endometriose varia nas mulheres. A dor pélvica recorrente grave pode apresentar-se mesmo antes do início da menstruação. Muitas vezes, a endometriose pode ser assintomática, só chegando ao conhecimento do médico durante a avaliação da infertilidade (Parsar et al., 2017).

1.3.1.1 A dor inclui

- Dismenorreia - cólicas menstruais dolorosas, por vezes incapacitantes.
- Dispareunia - relações sexuais dolorosas.
- Disúria - urgência urinária, frequência e, por vezes, micção dolorosa.
- Disquezia - movimentos intestinais dolorosos.

1.3.2 Infertilidade

A infertilidade é outra consequência da endometriose. As mulheres inférteis têm 6 a 8 vezes mais probabilidades de ter endometriose do que as mulheres férteis (Bulletti et al., 2010). Foram propostos vários mecanismos para explicar a associação entre endometriose e infertilidade. Com base em observações comuns em laparoscopia, a distorção da anatomia pélvica pode explicar mais facilmente a infertilidade em pacientes com formas graves de endometriose. As grandes aderências pélvicas ou peritubais que perturbam a ligação tubo-ovariana e a permeabilidade da trompa podem prejudicar a libertação de oócitos do ovário, inibir a captação de óvulos ou impedir o transporte de óvulos, resultando em infertilidade. Quase 24 a 50% das mulheres que sofrem de infertilidade foram diagnosticadas com endometriose (Vercellini et al., 2014). Além disso, até 90% das mulheres em idade reprodutiva com dor pélvica crónica ou infertilidade apresentam algum grau de endometriose (Kim et al., 2014).

1.4 Mecanismo de patogénese da endometriose

A origem exacta e a fisiopatologia da endometriose são desconhecidas. As principais hipóteses que detalham a origem das células endometriais em locais ectópicos incluem a menstruação retrógrada, a metaplasia do celoma (o epitélio que reveste os órgãos abdominais), a disseminação vascular e linfática metastática e a hemorragia uterina neonatal.

1.4.1 Menstruação retrógrada ou teoria da implantação

O transplante ectópico de tecido endometrial, originalmente proposto por Sampson em 1924, é a teoria mais amplamente aceite sobre a patogénese da endometriose. Esta teoria afirma que a doença tem origem na menstruação retrógrada de tecido endometrial que se desprende através das trompas de Falópio para a cavidade peritoneal (Sampson et al., 1927). Estes implantes permanecerão adormecidos devido à falta de estrogénios na infância. Crescerão rapidamente após a puberdade, quando os ovários começarem a produzir hormonas sexuais (Rolla et al., 2019). A menstruação retrógrada ocorre em 70% a 90% das mulheres, mas apenas cerca de uma em 10% das mulheres desenvolve endometriose (Li et al., 2014). A presença de células endometriais no líquido peritoneal, indicando menstruação retrógrada, foi relatada em 59% a 79% das mulheres durante a menstruação ou na fase folicular inicial (Rolla et al., 2019). Além disso, as mulheres com intervalos mais curtos entre a menstruação e uma duração mais longa da menstruação têm maior probabilidade de ter menstruação retrógrada e correm maior risco de endometriose.

1.4.2 Metaplasia celómica

Esta hipótese afirma que a endometriose tem origem no epitélio celómico e na transformação de um tipo de célula para outro. Este processo envolve a reprogramação de células estaminais mesenquimatosas multipotentes, derivadas da medula óssea ou de um nicho dentro do próprio endométrio, que podem diferenciar-se em células epiteliais e estromais endometriais em locais ectópicos.

1.4.3 Metástases linfáticas e vasculares

A hipótese da metástase afirma que as células endometriais e os fragmentos de tecido viajam a partir da cavidade uterina através de canais linfáticos e veias para colonizar locais ectópicos distantes. Esta hipótese é a que melhor descreve a ocorrência rara de endometriose extra-pélvica em mulheres e é apoiada pela evidência de êmbolos de células endometriais em gânglios linfáticos sentinela (Mechsner et al., 2008).

1.4.4 Hemorragia uterina neonatal.

Uma teoria mais recente sugere que a endometriose tem origem em células estaminais ou progenitoras potencialmente presentes na hemorragia uterina neonatal retrógrada que ocorre como resultado da retirada das hormonas esteróides da placenta logo após o nascimento. Esta hipótese é apoiada pela presença observada de hemorragia uterina neonatal em ~5% dos recém-nascidos, pela ocorrência rara de endometriose na pré-menarca das raparigas e pela ocorrência de endometriose grave em adolescentes (Gargett et al., 2014).

1.5 Estadiamento da endometriose

Os seguintes sistemas de classificação são propostos para melhor compreender a fisiopatologia da endometriose e para permitir um prognóstico e diagnóstico adequados.

1.5.1 Classificação da Sociedade Americana de Medicina Reprodutiva

A endometriose é tipicamente classificada de acordo com os critérios revistos formulados pela American Fertility Society (AFS) e pela American Society of Reproductive Medicine (ASRM) em estádios IV. A classificação baseia-se na morfologia dos implantes peritoneais e pélvicos (tais como lesões vermelhas, brancas e pretas), no tamanho da lesão, na localização e na extensão das aderências, placas e endometriomas. Os estádios da endometriose de acordo com as directrizes da ASRM são os estádios I, II, III e IV, determinados com base nas pontuações e correspondem a endometriose mínima, ligeira, moderada e grave (Parsar et al., 2017) (Tabela 1.1 e Figura 1.4). A American Fertility Society (AFS) propôs uma abordagem única, a pontuação AFS, em 1979. Foi utilizada uma pontuação cumulativa para determinar o estádio da endometriose. O valor foi pontuado e somado de acordo com o tamanho das lesões endometrióticas nos ovários, trompas de Falópio e peritoneu. A endometriose tubária foi omitida da classificação revista, e as lesões de endometriose foram classificadas como lesões superficiais e profundas. Em 1996, este sistema de pontuação foi renomeado como a classificação revista da Sociedade Americana de Medicina Reprodutiva (rASRM). No entanto, estas classificações restringem-se a um número limitado de critérios e não são particularmente valiosas para prever muitos dos parâmetros necessários para a gestão clínica, incluindo a dor ou os resultados da fertilidade. Um aperfeiçoamento dos critérios rAFS/rASRM é o sistema de classificação ENZIAN, desenvolvido para descrever doenças mais graves.

Tabela 1.1 A classificação revista da endometriose da Sociedade Americana de Medicina Reprodutiva. (Fonte adoptada de Lee et al., 2021).

Fases	Características principais
Fase I (mínima)	1-5 pontos, lesões superficiais observadas geralmente nas paredes pélvicas ou na bolsa de Douglas.
Estádio II (ligeiro)	6-15 pontos, Lesões superficiais, observam-se algumas lesões

	profundas com infiltração > 5 mm abaixo da superfície peritoneal.
Fase III (Moderada)	16-40 pontos, além de endometriomas e pequenas aderências entre a parede do ovário e do útero.
Fase IV (grave)	>40 pontos, aderências graves com envolvimento do intestino e da bexiga e danos graves na bolsa de Douglas.

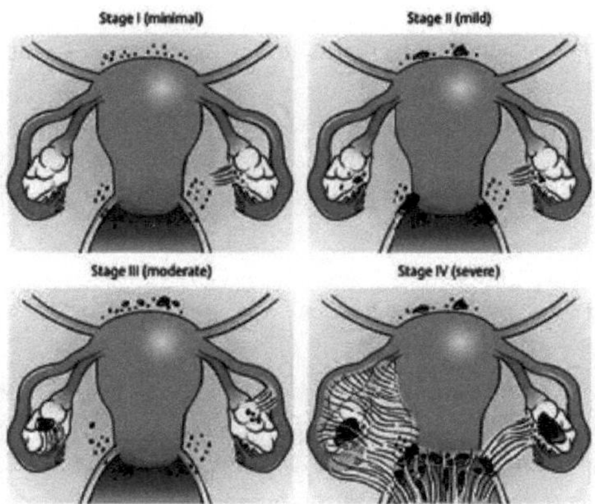

Figura 1.4. Estádios da endometriose (I a IV) (Fonte adoptada de https://worldeventday.com/there-are-4-critical-stages-of-endometriosis).

1.5.2 Classificação ENZIANA

O sistema de classificação ENZIAN foi introduzido pela primeira vez na Áustria em 2005 (Tuttlies et al 2005). A pontuação ENZIAN é determinada pela extensão da endometriose durante a cirurgia e apresenta uma nova classificação da endometriose profundamente infiltrada (DIE). Inicialmente, as doentes com doença peritoneal superficial solitária na bolsa da cavidade de Douglas, no ligamento uterossacral ou numa combinação dos dois, foram classificadas de acordo com o ENZIAN, embora não preenchessem os critérios de DIE e tivessem sido previamente classificadas de acordo com a classificação rASRM. Por conseguinte, foram efectuadas duas revisões do sistema de classificação ENZIAN em 2010 e 2011 para corrigir a sobreposição entre os sistemas rASRM e ENZIAN. A classificação ENZIAN revista foi simplificada através da divisão das estruturas retroperitoneais em três compartimentos (Figura 1.5).

- **Compartimento A** - A parte posterior do útero, constituída pelo septo retovaginal e pela vagina.
- **Compartimento B** - constituído pelo ligamento uterosacral e pelas paredes pélvicas.
- **Compartimento C** - constituído pelo cólon sigmoide e pelo reto.

A gravidade da lesão é definida como invasividade <1 cm para o grau 1, invasividade 1 a 3 cm para o grau 2 e invasividade >3 cm para o grau 3. O prefixo "E" indica a presença de um tumor de endometriose. O número que se segue ao prefixo indica o tamanho da lesão e, após o número, a letra inglesa minúscula indica o compartimento afetado. Duas letras inglesas minúsculas significam doença bilateral. A invasão da endometriose para outros órgãos da cavidade pélvica e para órgãos distantes é expressa da seguinte forma: "FA" é definido como adenomiose, "FB" como envolvimento da bexiga, "FU" como envolvimento intrínseco do ureter, "FO" como envolvimento de outras localizações e "FI" como envolvimento intestinal. Esta revisão é útil para os médicos compreenderem melhor e utilizarem prontamente a classificação ENZIAN. No entanto, este sistema de classificação não parece estar a ser amplamente utilizado.

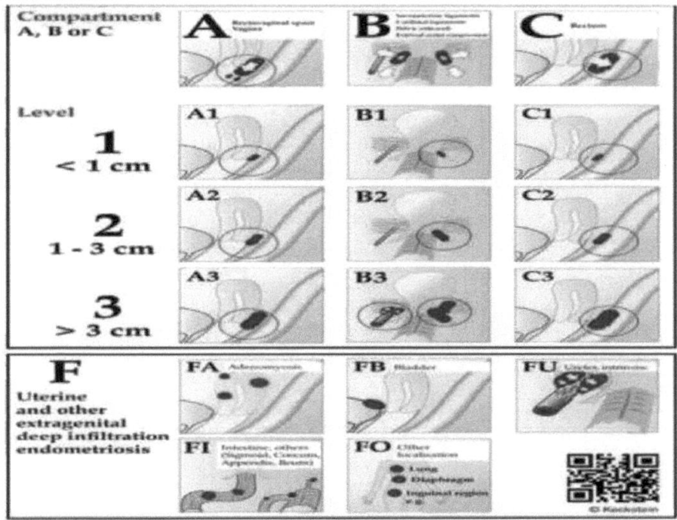

Figura 1.5. O sistema de estadiamento ENZIAN para mulheres com endometriose profunda (Fonte adaptada de Lee et al., 2021).

1.5.3 Índice de fertilidade da endometriose

O objetivo do desenvolvimento do sistema EFI é prever a taxa de gravidez em pacientes com endometriose documentada cirurgicamente que não tenham tentado engravidar com fertilização *in vitro* (FIV). Em 2010, Adamson e Pasta propuseram um sistema EFI baseado nos dados de 579 pacientes inférteis com endometriose diagnosticada cirurgicamente (Adamson et al., 2010). O sistema EFI reflecte factores históricos como a idade, a duração da infertilidade e as gravidezes anteriores. A pontuação funcional indica se o embrião está bem implantado no útero, se o útero pode proporcionar um ambiente inicial para o embrião ou se as trompas de Falópio podem captar bem o óvulo. A pontuação de menor função é calculada avaliando a função do ovário, da trompa de Falópio e da fímbria para cada lado, e adicionando a pontuação mais baixa à esquerda e a pontuação mais baixa à direita (Figuras 1.6 e 1.7). As pontuações funcionais são determinadas pelo cirurgião e variam de 0 a 4 pontos da seguinte forma: ausente ou não funcional como 0, disfunção grave como 1, disfunção moderada como 2, disfunção ligeira como 3 e normal como 4. Não só a pontuação funcional mais baixa, mas também outros factores cirúrgicos, como a pontuação total do rASRM e a pontuação da lesão de endometriose do rASRM, são incluídos. Por último, a pontuação EFI é calculada através da soma das pontuações históricas e cirúrgicas e varia entre 0 e 10 pontos, sendo que 10 indica o melhor prognóstico e 0 o pior prognóstico.

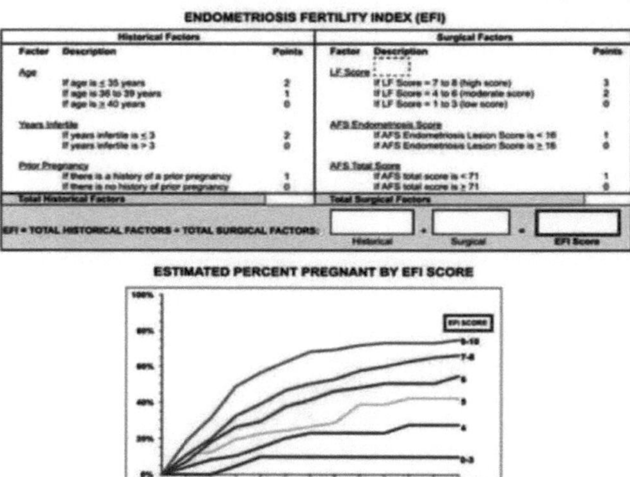

Figura 1.6. Formulário de cirurgia do índice de fertilidade da endometriose (EFI) (Fonte adoptada de https://www.semanticscholar.org/paper/Endometriosis-fertility-index).

Figura 1.7 Sistema de índice de fertilidade da endometriose (EFI). Esta pontuação prevê o resultado da fertilidade para mulheres que tentam a conceção por fertilização não in *vitro* após endometriose documentada cirurgicamente (Fonte adaptada de Lee et al., 2021).

1.5.4 Classificação da Associação Americana de Laparoscopistas Ginecológicos (AAGC)

Atualmente, a Associação Americana de Laparoscopistas Ginecológicos é desenvolver um sistema de categorização mais centrado na dor. Em 2007, a
A AAGL iniciou um projeto para desenvolver uma nova classificação da endometriose (Lee et al., 2021). Foi solicitado a trinta peritos em endometriose que atribuíssem pontuações de 0 a 10 pontos com base na importância de cada local de envolvimento nos resultados de dor, infertilidade e dificuldade cirúrgica. Este sistema continha todas as informações básicas consideradas importantes para quantificar a extensão da doença numa doente. Além disso, as dificuldades cirúrgicas foram classificadas em quatro níveis: nível 1, excisão ou dessecação de implantes superficiais e aderências avasculares finas e simples; nível 2, remoção de

endometriomas do ovário; apendicectomia; endometriose profunda que não envolva a vagina, a bexiga, o intestino ou o ureter; aderências densas que não envolvam o intestino e/ou o ureter; nível 3, aderências densas que envolvem o intestino e/ou o ureter; cirurgia da bexiga com necessidade de suturas; ureterólise; cirurgia do intestino sem ressecção (shaving); nível 4, ressecção do intestino com anastomose término-terminal; reimplantação ou anastomose ureteral (Lee et al., 2021).

1.6 Factores de risco

1.6.1 Estrogénios

A endometriose é uma doença dependente dos estrogénios. Quando os níveis de estrogénio aumentam durante o ciclo menstrual, o tecido ectópico cresce e depois regride na ausência de estrogénio, semelhante à atividade do endométrio uterino normal. A produção elevada de estrogénio é uma caraterística endócrina consistentemente observada na endometriose. As entidades da doença desenvolvem-se em mulheres em idade reprodutiva e regridem após a menopausa, sugerindo assim a sua natureza dependente dos estrogénios. Os polimorfismos no gene *ER-a*, que codifica a aromatase, são descritos como factores de risco da doença (Vassilopoulou et al., 2019). A natureza dependente de hormonas da doença levou à investigação sobre a produção local de estrogénio, com um foco principal na expressão da citocromo P450 aromatase. Os relatórios indicam que o aumento da expressão da CYP19 aromatase ocorre em lesões endometrióticas localizadas ectopicamente, especialmente endometriomas ovarianos (Wang et al., 2014). Níveis elevados de estradiol circulante (E2) são um fator que contribui para a progressão da doença (Bulun et al., 2009). Várias enzimas que metabolizam o estrogénio são expressas de forma aberrante no endométrio ectópico, o que pode levar a uma biossíntese elevada de E2, sendo que o excesso de E2 local resulta numa maior proliferação das lesões. A aromatase, que produz E2 a partir dos seus precursores, está aumentada no endométrio ectópico em comparação com o endométrio eutópico de doentes com endometriose e no endométrio eutópico de doentes em comparação com controlos saudáveis (Bukulmez et al., 2008). O E2 exerce as suas acções através dos receptores de estrogénio ERa e ERe, que actuam classicamente como factores de transcrição dependentes de ligandos, ligando-se aos elementos de resposta aos estrogénios (ERE) nos promotores dos seus genes alvo (Smuc et al., 2009). A progesterona medeia a preparação do endométrio para a implantação e manutenção da gravidez, e acredita-se que a PR- B seja a principal PR deste processo no endométrio, uma vez que os seus níveis são fortemente regulados pelo E2 durante o ciclo menstrual humano (Attia et al., 2000).

1.6.2 Genética

A genética desempenha um papel importante em muitas doenças. A endometriose tem um certo componente genético com um risco acrescido nos irmãos em comparação com a população em geral (Simpson et al.,1980, Vigano et al., 2003). A agregação familiar e os estudos clínicos de caso-controlo revelaram que muitas variantes genéticas relacionadas com a função imunitária, neuroendócrina e reprodutiva desempenham papéis importantes no desenvolvimento da endometriose, sugerindo uma componente genética (Falconer et al., 2007; Zhang et al., 2012). Os estudos de associação genética têm em conta os genes candidatos e os polimorfismos de nucleótido único e, por conseguinte, visam desvendar a associação entre a gravidade da doença e a variação genética. Como a natureza multifatorial da endometriose envolve a participação de mecanismos imunológicos, processos angiogênicos e alterações bioquímicas, pode-se deduzir que fatores genéticos, bem como modificações epigenéticas, atuam em conjunto para a manifestação da doença (Vassilopoulou et al., 2019). Os familiares de mulheres com a doença têm sete vezes mais probabilidades de também serem afectados do que os familiares de mulheres sem a doença. O risco de desenvolver endometriose era sete vezes maior em mães e irmãs de pacientes com endometriose (Wang et al., 2014). Os investigadores também sugeriram que as filhas de mulheres com endometriose podem ter um risco acrescido semelhante.

1.6.3 Sistema imunitário

A associação entre inflamação e endometriose é bem conhecida e envolve a vascularização local, células somáticas e imunócitos. Ainda não se compreende que a endometriose ocorra como consequência de uma resposta inadequada da defesa imunitária, ou que a inflamação pélvica e peritoneal seja uma consequência da doença. A grande maioria das mulheres tem algum grau de menstruação retrógrada (75-90%) (Burney e Giudice 2012), mas a maioria nunca desenvolverá a doença. Isto pode ser parcialmente explicado pelo facto de uma vigilância imunitária insatisfatória não conseguir eliminar os implantes de células/tecidos da superfície peritoneal. Considera-se que o processo inflamatório pélvico local, com a sua função alterada das células imunitárias no ambiente peritoneal, desempenha um papel fundamental na evolução da doença (Rolla et al., 2019). Uma produção excessiva de prostaglandinas e metaloproteinases é observada em mulheres com endometriose (Bulun et al., 2009).

1.6.4. Stress oxidativo

Pensa-se que o stress oxidativo peritoneal é um dos principais constituintes da resposta inflamatória associada à endometriose. A produção excessiva de espécies reactivas de oxigénio (ROS), secundária ao influxo peritoneal de pró-oxidantes como o heme e o ferro, pode induzir danos celulares e um aumento da expressão de genes pró-inflamatórios através da ativação do NF-kB. As ROS são mediadores pró-inflamatórios que modulam a proliferação celular. A desregulação da produção de ROS nas células endometrióticas está correlacionada com um fenótipo pró-proliferativo e pode estar implicada na disseminação da doença. O stress oxidativo está implicado como um fator-chave na patogénese da endometriose e verificou-se que os marcadores de stress oxidativo eram mais elevados quando medidos em doentes com endometriose em comparação com os controlos (Rogers et al., 2013)

1.6.5. Poluentes ambientais

Tem sido postulado que tanto os contaminantes ambientais como os factores alimentares contribuem para a endometriose. Os seres humanos estão constantemente expostos a toxinas ambientais, como as dioxinas, particularmente através da dieta, que podem potencialmente perturbar os processos fisiológicos e causar endometriose. Os contaminantes ambientais estão a ser estudados como potenciais factores de risco da endometriose devido à sua capacidade de atuar como desreguladores endócrinos, alterando a síntese de esteróides ou a função dos receptores hormonais, perturbando a função imunitária e inibindo a função reprodutiva através de modificações epigenéticas (Giampaolino et al., 2020).

1.7 Diagnóstico

O desafio diagnóstico da endometriose é multifacetado. Os sintomas da endometriose, como a dismenorreia, a dispareunia, a disquezia e a infertilidade, podem ser atribuídos a muitas doenças. Para além disso, estes sintomas não são muitas vezes discutidos abertamente devido ao receio de estigmatização. Além disso, o conhecimento da doença é fraco por parte do público em geral, dos empregadores e dos profissionais de saúde. Por último, não estão disponíveis biomarcadores clinicamente relevantes. Como resultado de todos estes factores, o atraso médio entre o início dos sintomas e o diagnóstico é de 7 anos.

1.7.1 Anamnese

Escutar o doente. Efetuar uma anamnese pormenorizada de forma muito lenta. Esta simples ação dá-nos a melhor abordagem da doença. O doente tem muito a transmitir através da expressão facial. Na maioria dos casos, a doença pode ser compreendida apenas ouvindo-o. O sintoma omnipresente é a dor: dor pélvica cíclica, dismenorreia, dor periovulatória, dor pélvica crónica não cíclica, dispareunia (posicional ou permanente), disquezia e disúria (Rolla et al., 2019).

1.7.2 Laparoscopia

A laparoscopia é o "padrão ouro" para o diagnóstico da endometriose. Em pacientes com suspeita clínica de endometriose, a laparoscopia diagnóstica demonstrou, através de testes histopatológicos subsequentes, confirmar o diagnóstico em 78% a 84% das pacientes (Parsar et al., 2017). A laparoscopia diagnóstica é uma excelente ferramenta para a visualização direta da pélvis e pode ajudar a identificar a etiologia da dor das pacientes, e a ablação cirúrgica da doença pode ocorrer no mesmo procedimento (Rogers et al., 2013).

1.7.3 Exame pélvico

O exame pélvico (em mãos experientes) continua a ser elogiado como uma ferramenta clínica eficaz para o diagnóstico da endometriose. A palpação bimanual da bolsa uterina/bexiga, da bolsa de Douglas e dos anexos pode revelar locais extremamente dolorosos, típicos da endometriose. A retroversão uterina fixa é frequentemente devida ao comprometimento do ligamento uterossacro ou a aderências na bolsa de Douglas. A mobilização uterina dolorosa é outro sinal típico de endometriose. A compressão do fundo uterino é frequentemente dolorosa na presença de adenomiose. A dispareunia corresponde frequentemente a uma palpação extremamente dolorosa dos ligamentos uterino-sacrais (Rolla et al., 2019).

1.7.4 Imagiologia.

A imagiologia é também utilizada para identificar as apresentações macro mais prevalentes da endometriose, incluindo as lesões peritoneais superficiais. No entanto, os endometriomas podem ser identificados de forma fiável por ecografia transvaginal ou ressonância magnética (RM), com mais de 90% de sensibilidade e especificidade. Um especialista qualificado pode identificar a endometriose profunda e as aderências que envolvem os órgãos pélvicos através da ecografia transvaginal. A ressonância magnética tem uma sensibilidade de 94% para detetar a endometriose profunda, mas a
a especificidade é de apenas 79% (Zondervan et al., 2020).

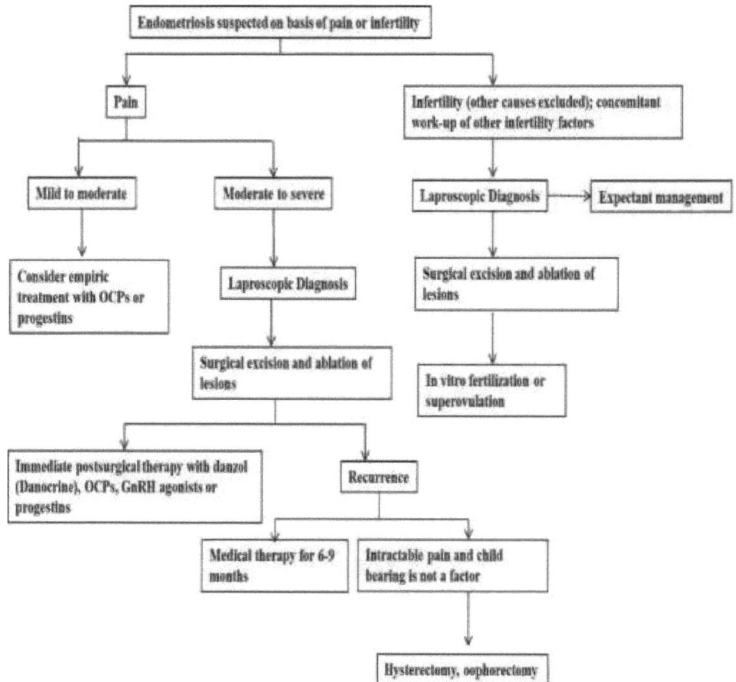

Figura 1.8 Diagnóstico da endometriose (Fonte adoptada de https://www.aafp.org/afp/1999/1015/p1753.html).

1.8 Tratamento

O tratamento da endometriose deve ter em conta os sintomas predominantes e as preferências da doente, o perfil de efeitos secundários e a idade, bem como a extensão e a localização da doença, os tratamentos anteriores e os custos. O tratamento da endometriose, particularmente do tipo que envolve o intestino, a bexiga, os ureteres ou as estruturas extra-pélvicas e os casos com condições de dor sobrepostas, requer conhecimentos multidisciplinares. Os procedimentos de tratamento utilizados na endometriose são classificados nas três categorias seguintes para uma melhor compreensão.

1.8.1 Tratamento médico

O tratamento médico atual da endometriose trata apenas os sintomas, mas não cura a doença, e os sintomas reaparecem quando a medicação é interrompida. O tratamento atual da endometriose centra-se na infertilidade e no controlo da dor.

1.8.1.1 Agentes imunomoduladores

Uma vez que a endometriose é considerada uma doença inflamatória crónica, muitos estudos têm explorado agentes imunomoduladores para restaurar o equilíbrio do estado imunitário.

• Verificou-se que o tratamento com pentoxifilina reduz o tamanho da lesão endometriótica num modelo animal.

• A luflunomida também pareceu reduzir o tamanho do implante endometriótico num modelo de roedores.

• Verificou-se que a loxoribina, também um imunomodulador, diminui o tamanho do

14

implante endometriótico num modelo de roedores.

• Verificou-se que a metformina reduz o efeito das citocinas e a atividade da aromatase em modelos pré-clínicos de endometriose, regulando assim a produção local de estrogénio

1.8.1.2 Tratamento com anticitocinas

O líquido peritoneal de pacientes com endometriose é abundante em citocinas pró-inflamatórias, particularmente TGF-e, IL-6 e TNF-a. Assim, o tratamento das citocinas pró-inflamatórias tem sido proposto como uma estratégia de tratamento.

1.8.1.3 Estatinas

As estatinas são uma classe de medicamentos que actuam como inibidores da 3-hidroxi-3-metilglutaril-coenzima-A (HMG-CoA) redutase. São normalmente utilizadas na prática clínica para tratar a hipercolesterolemia, mas são cada vez mais reconhecidas pelos seus efeitos anti-inflamatórios. A nível molecular, as estatinas podem diminuir a translocação nuclear DO NFκB e a atividade da AP1, reduzindo assim a inflamação. Estudos in vivo em animais revelaram que as estatinas poderiam reduzir o tamanho do implante endometriótico inibindo a proliferação e promovendo a apoptose, reduzindo a expressão de VEGF e MMP-9 e melhorando a extensão da adesão pélvica (Lin et al., 2018).

1.8.1.4 Anti-inflamatórios não esteróides

Os anti-inflamatórios não esteróides (AINEs) actuam através da inibição não selectiva das isoenzimas da ciclo-oxigenase. Estas enzimas funcionam na síntese de prostaglandinas, que são responsáveis pela dor e inflamação associadas à endometriose (Hoffman et al., 2011). Embora existam boas evidências de alívio da dor em mulheres com dismenorreia e dor pélvica utilizando inibidores da COX-2, a utilização prolongada destes medicamentos pode causar problemas cardiovasculares, pelo que devem ser utilizados com moderação.

1.8.1.5 Progestinas

As progestinas têm uma atividade anti-inflamatória global e parece haver resistência à progesterona nas lesões endometrióticas e no endométrio eutópico de mulheres com endometriose. Dado que as diferentes progesteronas têm uma atividade glucocorticoide e androgénica diferente, pode haver oportunidades de modificar os tratamentos para melhorar os resultados. Os moduladores selectivos dos receptores de progesterona (SPRMs) também podem ter um papel no tratamento da endometriose, embora até à data não existam provas que sustentem esta ideia (Rogers et al., 2013).

1.8.1.6 Tratamento hormonal

O tratamento hormonal atual para a dor associada à endometriose centra-se na supressão sistémica ou local dos estrogénios, na inibição da proliferação dos tecidos e da inflamação, ou em ambos.

• A pílula contraceptiva oral, combinada ou só de progestina, é amplamente utilizada como tratamento de primeira linha para a dismenorreia ou dor pélvica crónica com ou sem endometriose presumida, sobretudo nos cuidados primários.

• Os agonistas da hormona libertadora de gonadotropina (GnRH) são tratamentos de segunda linha que suprimem substancialmente os níveis sistémicos de estrogénio. Elagolix, o primeiro antagonista da GnRH para o tratamento da dor pélvica associada à endometriose. Outros antagonistas orais da GnRH (linzagolix e relugolix) estão atualmente a ser avaliados em ensaios clínicos de fase 3.

• A produção localizada de aromatase e a consequente formação de estradiol pelas lesões endometrióticas levaram à utilização bem sucedida de inibidores da aromatase para mulheres com sintomas resistentes à terapia hormonal. No entanto, o uso a longo prazo é restrito porque leva à perda de densidade óssea, efeitos colaterais reguladores vasomotores, como rubor e ondas de calor, e aumento das taxas de gravidez múltipla.

• A analgesia para a dor associada à endometriose consiste numa combinação de acetaminofeno e anti-inflamatórios não esteróides.

1.9 Tratamento complementar

A fisiologia da dor é um processo dinâmico afetado por uma interação complexa entre redes neuronais amplificadoras e inibidoras e o resultado de sinais periféricos acumulados de órgãos pélvicos e extra-pélvicos. A dor também é afetada por influências emocionais, hormonais e outras influências físicas e ambientais. Assim, as mulheres com dor pélvica crónica devem receber cuidados de uma equipa multidisciplinar composta por um especialista em dor, fisioterapeuta e psicólogo, para além do ginecologista. As opções terapêuticas actuais vão desde o tratamento farmacológico, incluindo agentes analgésicos, ansiolíticos e antidepressivos e estabilizadores de membrana, até à fisioterapia pélvica e à terapia cognitivo-comportamental.

1.10   Tratamento cirúrgico

O tratamento cirúrgico deve ser considerado em mulheres com dor resistente às hormonas associada à endometriose. Foi demonstrado que a cirurgia diminui a dor nalgumas mulheres, mas não em todas. O objetivo é a destruição ou remoção completa do tecido endometriótico e das aderências. No entanto, as provas que apoiam o tratamento cirúrgico da endometriose superficial para alívio da dor são escassas e estão atualmente em debate. A dor associada à endometriose é a principal indicação para histerectomia em mulheres entre os 30 e os 34 anos de idade. A excisão de endometriomas afecta negativamente a reserva folicular dos ovários (como indicado pelos níveis mais baixos de hormona anti-mulleriana e pela redução da contagem de folículos antrais).

1.11   Bases genéticas da endometriose

A endometriose é uma doença complexa provavelmente causada por interacções de muitos factores genéticos e ambientais, cada um com efeitos individuais modestos no risco. A agregação de casos de endometriose nas famílias tem sido observada desde os anos 50, e o aumento da prevalência de endometriose entre mulheres relacionadas e não relacionadas sugere fortemente a presença de factores genéticos predisponentes (hereditários). A identificação de variantes genéticas que influenciam o risco de endometriose pode esclarecer a sua patogénese. Os polimorfismos de genes envolvidos em processos de desintoxicação, receptores de estrogénio, citocinas, mitocôndrias, proteínas imunomoduladoras e factores envolvidos tanto na fixação como na invasão foram estudados e confirmados em mulheres com endometriose. Vários estudos investigaram a associação entre os polimorfismos nos genes e a suscetibilidade à endometriose (Tabela 1.2).

Tabela 1.2 Estudos sobre vários polimorfismos genéticos e risco de endometriose (Fonte adotada de Mëar et al., 2020)**.**

Gene		Polimorfismos	Alelo menor	Referências
Nome	Símbolo			
fator de crescimento endotelial vascular alfa	VEGFA	rs699947	A	Vodolazkaia et al., 2016;
		(-2578C>A)		Cardoso et al., 2017
		rs833061		Altinkaya et al., 2011;
		(-460T>C)	C	Emamifar et al., 2012; Perini et al., 2014; Szczepanska et al.,

				2015
		rs2010963		Vanaja et al., 2013; Szczepanska et al., 2015;
		(+405G>C)	C	Henidi et al., 2015; Vodolazkaia et al., 2016; Cardoso et al., 2017
		rs3025039	T	Vodolazkaia et al., 2016;
		(+936C>T)		Lamp et al., 2010
fator de necrose tumoral	TNF	rs1799964 (-1031T>C)	C	de Oliveira Francisco et al., 2017; Abutorabi et al., 2015
interleucina 6	IL6	rs1800796 (-634C>G)	G	Bessa et al., 2016
transformadora fator de crescimento beta 1	TGFB1	rs1800469 (-509C>T)	T	van Kaam et al., 2007; Kim et al., 2010; Lee et al., 2011
interferão gama	IFNG	CA(repetir)	S	Kitawaki et al., 2004; Rozati et al., 2010; Kim et al., 2011
recetor de estrogénio 1	ESR1	rs2234693 (Pvull)	C	Kitawaki et al., 2001; Kim et al., 2005; Paskulin et al., 2013
recetor de progesterona	PGR	rs1042838	P2	van Kaam et al., 2007 Christofolini et al., 2011
		(PROGINS)		Costa et al., 2011; Wu et al., 2013
		rs10895068	A	Cardoso et al., 2017; Lamp et al., 2011
recetor de harmona estimulante do folículo	FSHR	rs6166	G	André et al., 2018
Molécula de adesão intercelular 1	ICAM1	rs5498 K469E	G	Vigano et al., 2003; Bessa et al., 2016
		rs1799969 G241R	A	Aghajanpour et al., 2011; Bessa et al., 2016
glutatião S-transferase mu 1	GSTM1	Genótipo nulo	ausência	Kim et al., 2007; Roya et al., 2009; Kubiszeski et al., 2015; Henidi et al., 2015 Hassani et al., 2016;
glutatião S-transferase theta 1	GSTT1	Genótipo nulo	ausência	Kubiszeski et al., 2015; Hassani et al., 2016; Wu et al., 2012
glutatião S-transferase pi 1	GSTP1	rs1695	G	Ertunc et al., 2005; Jeon et al., 2010; Hassani et al., 2016
aril-hidrocarboneto repressor do recetor	AHRR	rs2292596 Pro185Ala	G	Tsuchiya et al., 2005; Kim et al., 2007
polipéptido 1 da subfamília A da família 1 do citocromo P450	CYP1A1	rs4646903	C	Rozati et al., 2008; Arvanitis et al., 2003
família 17 do citocromo P450	CYP17A1	rs743572	A2	Szczepanska et al., 2013; Cardoso et al., 2017b; Kado

ubfamília A polipéptido 1		(MspA1)		et al., 2002;
família 19 do citocromo P450 subfamília A polipéptido 1	CYP19A1	rs10046	T	Vietri et al., 2009; Szczepanska et al., 2013; Cardoso et al., 2017
família 2 do citocromo P450 polipeptídeo 19 da subfamília C	CYP2C19	rs4244285		Cayan et al., 2009; Bozdag et al., 2010; Cardoso et al., 2017a;
proteína tumoral 53	TP53	rs1042522 (códão 72)	Profissional	Nikbakht Dastjerdi et al., 2013; Hussain et al., 2018
Reparação por raios X que complementa a reparação defeituosa em células de hamster chinês 1	XRCC1	rs25487 (Arg399Gln)	A	Saliminejad et al., 2015; Bau et al., 2007
membro da família 4 do sítio de integração do MMTV do tipo wingless	WNT4	rs16826658	G	Mafra et al., 2015; Wu et al., 2015; Li et al., 2017
		rs2235529	A	
membro 1 do clado E dos inibidores da serpina peptidase	SERPINA1	rs1799889 (4G/5G)	4G	Uxa et al., 2010; Goncalves-Filho et al., 2011
recetor gamma ativado por proliferador de peroxissoma	PPARG	rs1801282	G	Hwang et al., 2010; Dogan et al., 2004

Durante o ciclo menstrual, o tecido semelhante ao endométrio pode espalhar-se para fora da sua localização normal, o útero, e implantar-se noutros locais, mais frequentemente em estruturas pélvicas, formando lesões. Consequentemente, este acontecimento ativa uma resposta imunitária que, no caso da endometriose, parece ser insuficiente para eliminar estas lesões. Estas lesões atraem macrófagos, células natural killer e células T citotóxicas (Machairiotis et al., 2021). A ativação de uma resposta inflamatória que se segue promove a secreção de citocinas e quimiocinas na cavidade peritoneal. Isso forma um microambiente que contribui para o desenvolvimento do tecido endometrial ectópico, facilitando a angiogênese localizada e interrompendo os processos apoptóticos normais. Em geral, sabe-se que uma resposta inflamatória estimula a secreção de neuromediadores pró-inflamatórios, promovendo a neuroagiogénese. A endometriose está associada a uma reação inflamatória, e as espécies oxidativas reactivas (ROS) são factores altamente pró-inflamatórios. Os marcadores de stress oxidativo no líquido peritoneal, no líquido folicular e no sangue circulante periférico estão significativamente elevados em doentes com endometriose (Chen et al., 2019).

A endometriose está associada a uma resposta imunitária anormal às células endometriais, o que pode facilitar a implantação e a proliferação de tecido endometrial ectópico (Li et al., 2014). No entanto, são necessários outros factores para promover a sobrevivência das células, a proliferação e a formação e manutenção da lesão, incluindo imunidade alterada ou comprometida, factores que promovem a angiogénese, influências hormonais complexas localizadas e factores genéticos. (Zondevan et al., 2018). A inflamação, caracterizada por linfócitos activados, neutrófilos e macrófagos, é uma caraterística fundamental do tecido da endometriose, associada à produção excessiva de prostaglandinas, metaloproteinase, citocinas e quimiocinas (Bulun et al., 2009). O sistema imunitário está envolvido na patogénese da endometriose a vários níveis e acredita-se que uma vigilância imunitária deficiente em mulheres com endometriose contribui para a fixação, persistência e progressão do tecido endometrial ectópico.

1.11.1 Endometriose e mitocôndrias

O metaboloma de um biossistema pode fornecer informações sobre alterações na função mitocondrial ou na produção de ROS. Estudos anteriores baseados na metabolómica investigaram as alterações metabólicas na endometriose. De acordo com esses estudos, as mulheres com endometriose apresentavam níveis séricos elevados de metabolitos envolvidos no metabolismo do piruvato e no stress oxidativo (Dutta et al., 2012). Estudos anteriores também identificaram um padrão diagnóstico de metabolitos séricos em mulheres com endometriose que tinha uma capacidade preditiva superior a 80% e taxas de sensibilidade, especificidade e classificação superiores a 90% (Atkins et al., 2019). O tecido da endometriose teria aumentado a respiração mitocondrial devido à natureza proliferativa relativa do tecido (Li et al., 2016), inversamente; o endométrio pode ter diminuído a respiração semelhante a outros tecidos afetados por ROS.

As mitocôndrias são os principais locais de desenvolvimento de ROS e de stress oxidativo nas células metabolicamente activas (Figura 1.9). O stress oxidativo pode ser responsável pela destruição local do mesotélio peritoneal, seguida do desenvolvimento de locais de adesão para as células endometriais ectópicas (Gonzalez-Ramos et al., 2010). Foi relatado um aumento da produção de espécies reactivas de oxigénio (ROS), um maior stress oxidativo endógeno e alterações nas vias de desintoxicação de ROS em células de endometriose de doentes (Rogers et al., 2013; Ngo et al., 2009). Estudos recentes têm contribuído para a ideia de que o stress oxidativo pode ser antecipado no início ou na progressão da endometriose. Marcadores de estresse oxidativo no fluido peritoneal, fluido folicular e sangue circulante periférico são significativamente elevados em pacientes com endometriose (Chen et al., 2019).

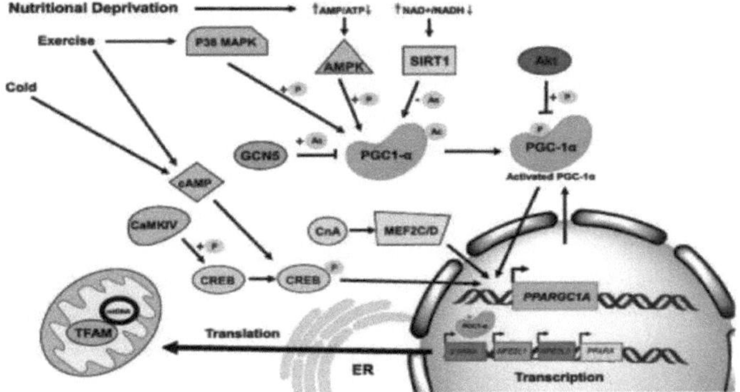

Figura.1.9 Visão geral da biogénese mitocondrial (Fonte: adotado de https://www.researchgate.net/publication/271022595)

A molécula circular de 16,5-kb do mtDNA humano codifica 2 rRNAs, 22 tRNAs e 13 proteínas do sistema de fosforilação oxidativa mitocondrial (OXPHOS) responsável pela produção de ATP celular (Gunther et al., 2004). Para além de energia, a OXPHOS também produz ROS como subprodutos, que são capazes de resultar em disfunção e/ou morte celular através do ataque a lípidos, proteínas e mtDNA (Van Houten et al., 2006). As mitocôndrias são altamente susceptíveis a danos oxidativos e a função mitocondrial desordenada a nível celular pode ter impacto na homeostase metabólica do corpo inteiro, levando à hipótese de que as anomalias nos marcadores do metabolismo mitocondrial estão relacionadas com a progressão da doença (Taylor et al., 2005). A integridade e a manutenção do mtDNA são essenciais para a biogénese mitocondrial e a homeostase energética celular (Zhang et al., 2015). Em descobertas anteriores, o nosso grupo demonstrou que os polimorfismos no mtDNA estão associados à endometriose (Govatati et al., 2012). Govatati et al. demonstraram que as alterações do D-loop mitocondrial podem contribuir para a replicação e/ou transcrição alterada de genes mitocondriais em pacientes com endometriose (Govatati et al., 2013).

As espécies reactivas de oxigénio (ERO) são intermediários inflamatórios produzidos pelo metabolismo normal do oxigénio, conhecidos por modularem a proliferação celular e por terem efeitos deletérios (Gupta et al., 2008). Quando o equilíbrio entre a geração e a desintoxicação de espécies oxidativas reactivas (ERO) é perturbado, o excesso relativo de ERO resulta em stress oxidativo. O stress oxidativo, definido como um desequilíbrio entre ROS e antioxidantes, pode estar implicado na fisiopatologia da endometriose, causando uma resposta inflamatória geral na cavidade peritoneal (Augoulea et al., 2009). Estudos anteriores mostraram que se observa um aumento do nível de ferro no fluido peritoneal, que pode gerar ROS em mulheres com endometriose, e também um aumento dos marcadores de stress oxidativo no soro, no fluido peritoneal, no fluido folicular e no tecido ovárico/endometrial. Sabe-se que o stress oxidativo afecta a fertilidade das mulheres com endometriose, quer na conceção natural quer na assistida, e que regula os processos epigenéticos, como a metilação do ADN e as modificações das histonas (Scutiero et al., 2017).

1.12 Objectivos do estudo

A endometriose é uma doença complexa causada pela interação de muitos factores genéticos e ambientais, cada um com efeitos individuais modestos no risco. O envolvimento de factores genéticos no desenvolvimento da endometriose está bem estabelecido. O grau deste envolvimento varia em diferentes populações étnicas. Por conseguinte, é importante fazer o rastreio de populações etnicamente distintas para descobrir o papel das diferentes variantes genéticas numa determinada população. Embora a etiologia e a patogénese exactas da endometriose não sejam claras, a biogénese mitocondrial deficiente e o stress oxidativo, bem como factores genéticos que induzem interacções imunológicas complexas na cavidade pélvica, têm sido implicados na doença. Embora tenham sido efectuados vários estudos em populações ocidentais, existem muito poucos dados disponíveis em indianos. O presente estudo foi concebido como um estudo de controlo de casos de base populacional para compreender a composição genética da população indiana e a sua predisposição para a endometriose, especificamente o papel das mitocôndrias na patogénese e progressão da endometriose, com os seguintes objectivos

1.   Avaliar a importância do número de cópias do ADN mitocondrial na fisiopatologia da endometriose.

2.   Compreender o papel dos polimorfismos dos genes envolvidos na regulação da biogénese mitocondrial (TFAM e PGC-1a) no risco de desenvolvimento de endometriose.

3. Analisar o papel do polimorfismo do gene VDR (Coactivador de PGC-1a) e a sua associação com o risco de endometriose.

Capítulo 2

Materiais e metodologia

2.1 Sujeitos e fonte

O presente estudo caso-controlo tem por objetivo analisar os polimorfismos genéticos envolvidos na etiopatologia da endometriose. Os polimorfismos nos genes influenciam a expressão genética, o que leva à instabilidade genómica. Estes genes têm geralmente baixa penetrância e não causam diretamente a doença, mas tornam o indivíduo suscetível ao desenvolvimento de doenças. Por vezes, a combinação de vários polimorfismos de nucleótido único (SNP) que conferem risco pode contribuir largamente para o desenvolvimento da doença. Assim, o presente estudo foi planeado para identificar biomarcadores para a endometriose que conferem risco no desenvolvimento e progressão da endometriose.

Este estudo de caso-controlo envolveu um total de 425 mulheres em idade reprodutiva, com idades compreendidas entre os 20 e os 40 anos. Todos os indivíduos foram recrutados no Infertility Institute and Research Center (IIRC), Hyderabad e no Institute of Reproductive Medicine, Kolkata, Índia.

2.1.1 Critérios de inclusão e exclusão

O estudo envolveu um total de 200 mulheres indianas não aparentadas na pré-menopausa com endometriose moderada-grave (III-IV), classificada de acordo com o sistema de classificação revisto da American Fertility Society (rAFS, 1997). Todas as mulheres foram submetidas a uma ecografia transvaginal (TVS) no rastreio, seguida de uma laparoscopia para confirmar o diagnóstico. Todas as doentes apresentavam diferentes formas de endometriose, tais como lesões peritoneais, aderências e endometrioma. A sua idade média ± DP foi de 26,5±5,5 anos (variação de 20 a 40). Todas as doentes se queixavam de dismenorreia (ligeira = 45%; moderada 31%; grave 24%) e 75% tinham dispareunia. A maioria das mulheres (98,1%) era infértil (primária 82%; secundária 18%). Foram excluídas do estudo as mulheres com outros quistos do ovário, adenomiose, cancro do ovário, miomas e endometriose em estádio I e II. O objetivo era focar as doentes com endometriose mais grave (estadios III e IV) porque as formas mais graves incluem a doença quística do ovário, que quase de certeza tem uma etiologia diferente das formas peritoneais, e o diagnóstico é normalmente inequívoco, o que não é o caso dos estadios I e II.

Duzentas e vinte e cinco mulheres foram recrutadas nos mesmos institutos e tiveram igual oportunidade de serem identificadas como casos, cumprindo assim os critérios para controlos adequados estabelecidos por Zondervan (Zondervan et al., 2002). A sua idade média ± DP foi de 27,9±4,95 (intervalo de 22 a 40).

2.2 Aprovação ética

Todos os participantes forneceram consentimento informado por escrito para a recolha de amostras e subsequente análise. O estudo foi aprovado pelo comité de análise institucional do Centre for Cellular and Molecular Biology (CCMB), Hyderabad (n.º Lr. IEC/CCMB26/2008/6 de fevereiro de 2008).

2.3 Colheita de amostras de sangue

Foram colhidos 5 ml de amostras de sangue periférico de todos os indivíduos (casos e controlos) em vacutainers revestidos com EDTA (ácido etilenodiamino tetra-acético) e o plasma foi retirado, seguido de armazenamento a -20 °C até à realização de outras análises. A partir da amostra de ADN de reserva, foram aliquotados 50 pl de amostra de ADN para tubos eppendorf de trabalho e armazenados a 4 °C e a restante amostra de ADN de reserva foi armazenada a -20 °C. As amostras de ADN aliquotadas foram utilizadas para a análise molecular.

2.3.1 Isolamento de ADN de amostras de sangue periférico

O ADN genómico foi extraído de 1 ml de sangue total anti-coagulado com EDTA pelo método de salga (Miller et al., 1988).

2.3.2 Equipamento e reagentes necessários para o isolamento do ADN

Equipamento: Centrifugadora (REMI), tubos de centrifugação (10 ml), banho-maria, micro pipetas, micropontas (20-200 pl e 100-1000 pl), tubos Eppendorfs (1,5 ml).

Reagentes:

1. **5 ml de sangue total periférico**
2. **Solução A:** Sacarose-10M, Mgcl2-1M, Tris-HCl (pH: 8) -1M e 10% de Triton X-100.
3. **Solução B:** NaCl-1M Tris-HCl (pH 8)-1M Na-EDTA (pH 8)-0,5M e 5% SDS (Dodecil Sulfato de Sódio).
4. **Solução C:** 100 g de perclorato de sódio foram adicionados a 142 ml de água bidestilada autoclavada (perclorato de sódio 5M).
5. **Solução PCA:** Fenol, clorofórmio e álcool isoamílico na proporção de 25:24:1.
6. **Solução CA:** Clorofórmio e álcool isoamílico na proporção de 24:1.
7. **Tampão TE para dissolver o ADN:** 10mM Tris HCl, 1mM EDTA; pH 8,0.

2.3.3 PROCEDIMENTO

O ADN GENÓMICO FOI EXTRAÍDO DE 1 ML DE SANGUE PELO MÉTODO DA SALGA. O ADN FOI SUSPENSO EM 50 ML DE TAMPÃO TRIS HCL-EDTA (10MM TRIS HCL, 1MM EDTA, PH 8.0). AS RESERVAS DE TRABALHO FORAM PREPARADAS POR DILUIÇÃO DE 10 VEZES EM ÁGUA BIDESTILADA AUTOCLAVADA.

i) Preparação das células (25° C): A 1 ml de sangue total colhido em vacutainers com EDTA, foram adicionados 4 ml de solução-A e misturados invertendo suavemente o tubo tapado durante um minuto. A mistura foi centrifugada a 3000 rpm durante 5 minutos. O sobrenadante foi eliminado sem perturbar o sedimento.

ii) Lise celular (25oc): Ao pellet, foram adicionados 350 pl de solução B, agitados em vórtice até a solução se tornar homogénea. O homogenato foi transferido para um tubo eppendorf de 1,5 ml.

iii) Desproteinização (25° C): Adicionaram-se 50 pl de solução C, seguidos de 300 pl de clorofórmio arrefecido. A mistura foi tornada homogénea por agitação. A centrifugação a 6500 rpm durante 10 minutos separou as camadas.

iv) Extração de ADN (25° C): A fase aquosa superior foi recolhida e adicionou-se um volume igual de solução de PCA. A solução foi bem misturada e centrifugada a 7000 rpm durante 10 minutos para separar as fases. Este procedimento de tratamento com PCA foi repetido novamente com a fase aquosa recolhida. Esta foi então submetida a um tratamento CA de forma semelhante.

v) Precipitação do ADN (25° C): À fase aquosa do tratamento CA, foi adicionado um décimo de volume de acetato de sódio 3M. Para precipitar o ADN, adicionaram-se 2-5 ml de isopropanol arrefecido e misturou-se até se observar ADN em espiral. Centrifugar a amostra a 8000 rpm durante 15 minutos a 10° C. Eliminar o sobrenadante.

vi) Lavagem do ADN: O ADN em bobina foi lavado duas vezes com etanol a 70% e, no dia seguinte, ressuspendeu-se o pellet em 50-60 pl de tampão Tris HCl-EDTA (10mM Tris HCl,

1mM EDTA; pH 8,0) e incubou-se em banho-maria a 37° C durante 15 minutos até o ADN se dissolver completamente, tendo sido armazenado a -20°C para utilização futura.

2.4 Quantificação do ADN

A concentração de ADN em todas as amostras foi medida utilizando métodos espectrofotométricos e densitométricos. O valor da densidade ótica (DO) do ADN foi registado a 260 nm e 280 nm num espetrofotómetro UV. Uma unidade de absorvância a 260 nm foi considerada equivalente a uma concentração de 50 Lig/ml. As quantidades de ADN foram também medidas utilizando o software SYNGENE, depois de analisadas as intensidades das bandas de um gel corado com brometo de etídio, sendo a quantidade de ADN presente determinada por comparação com uma quantidade conhecida de ADN. A absorvância a 260 nm foi utilizada para calcular a concentração da amostra de ADN isolado. Concentração de ADN (Lig/ml) = DO a 260 X 50 X Fator de diluição. A razão entre a absorvância dos ácidos nucleicos a 260 e 280 nm indica a pureza da amostra e a razão da solução de ADN deve situar-se entre 1,7 e 1,8. As reservas de trabalho foram preparadas por diluição de 10 vezes (50 ng/ul) em H2O duplamente destilada autoclavada e armazenada a 4^0 C de temperatura.

2.4.1 Análise qualitativa por eletroforese em gel de agarose

A eletroforese em gel de agarose é um método utilizado em bioquímica e biologia molecular para separar moléculas de ADN ou ARN de elevado peso molecular com base no seu tamanho. Isto é conseguido movendo moléculas de ácido nucleico com carga negativa através de uma matriz de agarose sob um campo elétrico (eletroforese). As moléculas mais curtas movem-se e migram mais rapidamente do que as mais longas.

2.4.1.1 Equipamento: Unidade de eletroforese, fonte de alimentação DC e micro pipetas

Reagentes:

Agarose (grau de biologia molecular, Sigma, EUA)

Azul de bromofenol: A 25 mg de azul de bromofenol em pó, 25 mg de cianol de xileno, adicionar 7 ml de água destilada sem DNase e RNase e 3 ml de glicerol.

40% de sacarose: 4gms de Sacarose dissolvidos em 10ml de água destilada.

Corante de carga: 5 pl de azul de bromofenol adicionados a 40 pl de sacarose a 40%.

Brometo de etídio: 10 mg de brometo de etídio dissolvidos em 1 ml de água destilada (10 mg/ml).

Tampão TAE 50x: Tris base-2M, ácido acético glacial -1M, 100mm EDTA (pH 8.0).

Escada de ADN: Stepup^{TM} 100bp ladder (Cat.no. 612652670501730; Bangalore Genei)

2.4.1.2 PROCEDIMENTO

> Preparar um gel de agarose a 0,8% em 1x TAE Buffer e aquecê-lo num forno de micro-ondas para o dissolver completamente, deixando-o arrefecer até $50-60^0$ C. Em seguida, adicionam-se 2 pl de EtBr da solução de reserva ao gel (10mg/ml).

> Verter para um tabuleiro de gel casting contendo um pente de amostras e deixar solidificar à temperatura ambiente.

> O pente foi retirado ao fim de 15-20 minutos após a solidificação da agarose.

> Deitou-se tampão TAE 1X na cuba de eletroforese até o gel ficar completamente imerso.

> As amostras que contêm ADN misturado com o corante de carga são então colocadas nos poços de amostra, a tampa e os cabos de alimentação são colocados no aparelho electroforético e funcionam a uma tensão constante de 90 V durante uma hora.

> Após a conclusão da eletroforese, as bandas no gel foram visualizadas sob um transiluminador UV.

2.5 Genotipagem baseada na sequenciação por PCR
2.5.1 Reação em cadeia da polimerase (PCR)

A reação em cadeia da polimerase (PCR) é um processo de amplificação de ADN *in vitro*, no qual ocorre a amplificação de uma única ou poucas cópias da mistura de ADN alvo através de várias ordens de grandeza, gerando milhares a vários milhões de cópias de uma determinada sequência de ADN (modelo). Trata-se de uma amplificação enzimática de sequências de ADN mediada por iniciadores. O processo envolve a amplificação do modelo de ADN utilizando uma enzima de ADN polimerase termoestável (Taq DNA polimerase) que catalisa a reação tamponada na presença de um par de primers de oligonucleótidos e quatro trifosfatos de desoxinucleósidos (dNTPs).

2.5.1.1 PROCEDIMENTO

As PCRs foram efectuadas em volume de 25 pl utilizando os iniciadores específicos. Os primers foram concebidos a partir das sequências genéticas, utilizando o software "Primer3 Plus" (http://primer3plus.com/cgi-bin/dev/primer3plus.cgi). Os parâmetros utilizados foram o comprimento de 20-28 bases, 45-55% de teor de GC, 55-65° C de temperatura de recozimento e uma diferença não superior a 1°C entre as temperaturas de fusão (Tms) dos primers forward e reverse. As sequências de iniciadores obtidas foram verificadas quanto à sua não especificidade pelo NCBI-BLAST e quanto à sua auto-complementaridade. A amplificação por PCR foi efectuada num termociclador programável com sistema de PCR de gradiente (Eppendorf AG, Hamburgo, Alemanha). A amplificação por PCR foi efectuada conforme descrito na tabela (Tabela 2.1). Cada PCR foi configurado com um controlo positivo e um controlo negativo. Os produtos da PCR foram analisados num gel de agarose a 1,5%.

Tabela 2.1 Preparação da mistura de reação PCR (volume final de 25 gl).

Reagente (concentração)	Volume
Tampão PCR 10X	2,5 gl
Mgcl21,5 mM	2.0 gl
dNTPs (10 mM de cada)	0,5 gl
Primário direto (5 pmole/gl)	0,25 gl
Primário inverso (5 pmole/gl)	0,25 gl
Ampli Taq DNA polimerase (0,25U)	0,2 gl
Água de qualidade Milli-Q	16.3 gl
ADN modelo (50ng)	3.0 gl
Total	**25 gl**

2.5.2. Análise da sequência de ADN

Os produtos de PCR purificados foram sequenciados com um kit de sequenciação de ciclos Taq-Dye deoxy-terminator (Applied BioSystems, EUA) utilizando um sequenciador automático de ADN ABI 3770 (Applied BioSystems, EUA). A sequenciação foi efectuada utilizando primers directos e inversos. Antes da sequenciação, os amplicons foram purificados por precipitação com etanol para remover os primers não utilizados, os dNTPs e os sais (Tabelas 2.2 e 2.3). A PCR de sequenciação foi realizada para gerar os amplicões que são terminados pela incorporação de dideoxinucleótidos marcados com fluorescência (ddNTPs). Os dNTPs e os ddNTPs estão presentes em concentrações tais que um ddNTP será incorporado em vez de um dNTP em cada posição de nucleótido num fragmento em síntese. Quando um ddNTP é incorporado, o alongamento adicional da cadeia é bloqueado, o que resulta numa população de produtos truncados de comprimentos variáveis. Estes fragmentos são então separados por eletroforese capilar de alta resolução, capaz de separar fragmentos que diferem num único nucleótido. Os fragmentos separados são iluminados por raios laser e os sinais produzidos são captados por uma câmara CCD.

Tabela 2.2 Preparação da mistura de reação PCR para sequenciação (volume final de 5 pl).

Reagente	Volume
Tampão de sequenciação	1,5pl
Bigdye	0,5 pl
Primer (para a frente ou para trás)	0,1 pl
Modelo de ADN	1 pl
Água duplamente destilada	1.9 pl

Tabela 2.3 Condições de PCR para sequenciação cíclica

1	Desnaturação inicial	96° C durante 1 minuto
2	Desnaturação	96° C durante 10 segundos
3	Recozimento	50° C durante 10 segundos
4	Extensão	60° C durante 4 minutos

35 ciclos das etapas 2 a 4

Os produtos da sequenciação foram precipitados em etanol para remover os corantes, os dNTPs e os iniciadores extra, do seguinte modo

> **Solução A:** 3 ml de etanol e 120 pl de acetato de sódio 3M;
> **Solução B:** 8 ml de etanol e 2 ml de H2O bidestilada.
> Adicionaram-se 25 pl de solução A às amostras e incubou-se à temperatura ambiente durante 15 minutos.
> As amostras foram centrifugadas a 4000 rpm durante 20 minutos à temperatura ambiente num rotor de placa de 96 poços.
> Deitar fora o sobrenadante e adicionar 100 pl da solução B.
> Misturar suavemente as amostras e centrifugar a 4000 rpm durante 20 minutos.
> O sobrenadante foi eliminado e as amostras foram secas à temperatura ambiente.
> As amostras foram ressuspensas em 10 pl de tampão de injeção (Hidi formamida, Applied Biosystems) e seguem para análise no sequenciador.

2.6. PCR - Polimorfismo de comprimento de fragmento de restrição (RFLP)

A PCR-RFLP foi realizada para investigar os genótipos nos polimorfismos do fator de transcrição mitocondrial A (TFAM), do coactivador-1 alfa do recetor gama ativado por proliferadores de peroxissoma (PGC-1a) e do gene VDR. O RFLP é uma técnica molecular utilizada para identificar os genótipos no ADN através da digestão com endonucleases de restrição específicas. As enzimas de restrição são seleccionadas para a identificação de genótipos com base nos seus locais de restrição, utilizando várias ferramentas baseadas na Web, como o NEB cutter da New England Biolabs (http://nc2.neb.com/NEBcutter2/) e www.restrictionmapper.org.

Equipamento: Termociclador, unidade de eletroforese, fonte de alimentação e banho-maria.

Enzimas de restrição:

Dde I (New England Biolab, EUA)

Msp I (New England Biolab, EUA)
Alu I (New England Biolab, EUA)
Apa I (New England Biolab, EUA)
Taq I (New England Biolab, EUA)
Etapas envolvidas no procedimento de digestão de restrição:
1. Amplificação por PCR
2. Digestão de restrição
3. Eletroforese em gel de agarose

1. Amplificação por PCR
A amplificação de todos os produtos genéticos estudados por PCR foi efectuada pelo método descrito acima, detalhado no ponto 2.5.1 e na tabela 2.1. A reação em cadeia da polimerase (PCR) é um processo de amplificação *in vitro*, no qual ocorre a amplificação de uma única ou poucas cópias da mistura de ADN alvo através de várias ordens de grandeza, gerando milhares a vários milhões de cópias de uma determinada sequência de ADN (modelo).

2. Digestão de restrição e eletroforese em gel de agarose:
Os produtos de PCR amplificados de vários tamanhos foram digeridos com 10U da respectiva enzima de restrição a 37º C durante 15 min numa mistura de reação de 50ul (Quadro 2.4), seguida de inativação enzimática a 65º C durante 20 min. Os fragmentos de ADN foram submetidos a eletroforese num gel de agarose a 3%, corado com brometo de etídio, com base no tamanho dos produtos digeridos.

Tabela 2.4 Composição da reação RFLP.

S.N.	Componentes da reação	Volume[^L]
1.	Tampão de restrição (10X)	5
2.	Enzima de restrição	1
3.	Produto PCR	15
4.	Água sem nuclease	29
	Volume total	50

2.7. Quantificação do número de cópias do ADN mitocondrial por PCR em tempo real
O número de cópias do ADNmt foi medido através de uma reação em cadeia da polimerase quantitativa em tempo real (qRT-PCR) utilizando um sistema de deteção de sequências Applied Biosystems 7500 (Applied Biosystems, Foster City, CA). Para a determinação do ADN nuclear, utilizámos as sequências do gene da gliceraldeído 3-fosfato desidrogenase (GAPDH). Para a análise do mtDNA, utilizámos as sequências do gene da NADH desidrogenase subunidade 1 (ND1). O ADN (10 ng) foi misturado com 10 ul de SYBR Green I Master Mix (TaKaRa, Otsu, Japão) que continha 0,5 ul de ROX Reference Dye II (TaKaRa), 10 pmol de primer forward e reverse num volume final de 20 ul. As condições de qRT-PCR consistiram na iniciação a 50°C durante 2 min, 95°C durante 10 seg., seguida de 40 ciclos de desnaturação a 95°C durante 5 seg., recozimento a 59°C durante 35 seg. e extensão a 72°C durante 1 min. Cada amostra foi detectada em duplicado e o cálculo do conteúdo de mtDNA baseou-se na média dos valores de Ct (ciclos de limiar). O valor do Ct do gene GAPDH e do gene ND1 foi determinado para cada execução individual da PCR quantitativa. Cada medição foi efectuada pelo menos duas vezes e normalizada em cada experiência em relação à amostra de ADN de controlo. As diferenças de valores de Ct utilizadas para quantificar o número de cópias do mtDNA em relação ao gene GAPDH foram calculadas da

seguinte forma Número relativo de cópias (Rc) = $2^{\Delta Ct}$, onde ACt é o Ct_{GAPDH}- Ct_{ND1}. Observou-se uma reprodutibilidade razoavelmente boa, tanto no mesmo ensaio como entre ensaios. Os coeficientes de variação intra-ensaio dos valores Ct foram de cerca de 2,5% e 3,9% para os genes ND1 e GAPDH, respetivamente. Os coeficientes de variação inter-ensaio dos valores Ct foram de cerca de 4,7% e 5,6% para os genes ND1 e GAPDH, respetivamente. Para reduzir as variações, todos os parâmetros ao longo do estudo foram medidos pela mesma pessoa.

2.8. Análise estatística

Todas as análises estatísticas foram efectuadas utilizando o software SPSS 11.0 (SPSS Company, Chicago, IL, EUA). Os valores do qui-quadrado ($\%^2$), do rácio de probabilidades e do intervalo de confiança (IC) de 95% foram calculados utilizando o programa online Vassar Stats Calculator (http://www.faculty.vassar.edu/lowry/VassarStats.html). O teste de probabilidade exato de Fisher foi utilizado para examinar a associação entre a distribuição dos genótipos e a frequência dos alelos. As frequências haplotípicas para múltiplos loci e o coeficiente de desequilíbrio padronizado (D') para o desequilíbrio de ligação (LD) de pares foram avaliados pelo software Haploview. A correção de Bonferroni foi utilizada para ajustar o nível de significância de um teste estatístico para proteger contra erros do tipo I quando se efectuavam comparações múltiplas. Para todos os testes estatísticos, valores de p<0,05 foram considerados como indicando uma diferença estatisticamente significativa. Foi utilizada a transformação logarítmica dos dados obtidos porque os valores originais do número relativo de cópias do mtDNA não apresentavam uma distribuição normal. Os valores foram expressos como média ± desvio padrão, salvo indicação em contrário. Foi utilizado o teste t de Student para determinar as diferenças do conteúdo de mtDNA entre os casos de endometriose e os controlos saudáveis, bem como as diferenças entre dois subgrupos. Quando o número de subgrupos era superior a dois, foi utilizada a ANOVA de uma via para avaliar as diferenças do conteúdo de mtDNA, seguida do teste da diferença menos significativa.

Frequências alélicas e genotípicas dos genes estudados

As frequências alélicas e genotípicas foram calculadas utilizando a calculadora Hardy Weinberg *(Court Lab www.tufts.edu)*. A frequência alélica pode ser expressa como uma fração ou uma percentagem. As frequências alélicas são utilizadas para descrever a quantidade de diversidade genética ao nível do indivíduo, da população e da espécie. Os valores p e q são indicados como frequências alélicas. A soma das frequências genotípicas e alélicas é sempre menor ou igual a um.

p = <u>2 X Número de homozigotos (tipo selvagem) + Número de heterozigotos</u>
2 X Número total de indivíduos

q = <u>2 X Número de homozigotos (tipo mutante) + Número de heterozigotos</u>
2 X Número total de indivíduos

Frequência genotípica = <u>Número de indivíduos (determinado genótipo)</u>
Número total de indivíduos

2.9. Ferramentas bioinformáticas utilizadas no presente estudo

Foram utilizadas várias ferramentas bioinformáticas no estudo para a conceção de iniciadores, o rastreio de mutações e o alinhamento de sequências, etc.

NCBI Primer BLAST: É utilizado para a conceção e validação de primers. Concebe primers utilizando o software Primer3plus e verifica também a especificidade dos primers concebidos na base de dados humana (genoma completo). Assim, valida a especificidade dos primers.

Calculadora de oligonucleótidos: É utilizado para validar os primers concebidos e verificar a possibilidade de primer-dimer e hair pin.

FinchTV 1.0: Software gratuito fornecido pela PerkinElmer para visualizar as sequências de ADN e imprimir para facilitar o acesso.

Chromas V.2: A identificação de genótipos foi efectuada com este software (Technelysium Ltd., Austrália). O software Chromas abre ficheiros de cromatogramas dos sequenciadores de ADN Applied Biosystems e Amersham MegaBace. É ideal para os projectos de sequenciação mais básicos, em que não é necessária a montagem de sequências múltiplas. O Chromas não tem capacidade de alinhamento. Copia a sequência para a área de transferência em texto simples ou em formato FASTA para colar noutras aplicações. Mostra também o reverso e o complemento da sequência e do cromatograma. Procura subsequências por correspondência exacta ou alinhamento ótimo e apresenta traduções em três quadros juntamente com a sequência.

Clustal X (ver 2.0): É um software de alinhamento de sequências múltiplas. Pode ser utilizado no Windows, Linux ou Mac OS X. É possível alinhar sequências de nucleótidos e de proteínas. Efectua um alinhamento de pares e o seu resultado também pode ser utilizado para a construção de árvores filogenéticas (Larkin et al., 2007).

Auto Assembler: Este pacote de software da Perkin Elmer-Applied Biosystems (Foster City, CA. EUA) foi concebido para a montagem de sequências de ADN. Funciona em Macintosh OS9 e fornece ferramentas para editar sequências e tem a capacidade de apresentar electroferogramas sincronizados com sequências montadas. A consciência pode ser construída e exportada como texto para utilização noutros programas.

Alibaba2.1: O Alibaba2.1 é o software utilizado para prever os locais de ligação putativos de vários factores de transcrição dentro de cada oligómero. É utilizado para determinar se as alterações nucleotídicas dos SNP associados alteraram a *previsão* da presença do *local de ligação à transcrição*. O AliBaba2 está disponível em http://wwwiti.cs.uni-magdeburg.de/grabe/alibaba2 (ou) http://gene-regulation.com

Frequências alélicas menores (MAF) : As frequências alélicas menores para os polimorfismos de nucleótido único estudados foram comparadas com os dados de frequência de mutação de populações de diferentes origens étnicas, obtidos a partir de HapMap, 1000Genomes, Genome Aggregation Database (GnomAD) e EXAC database (dbSNP) disponíveis no NCBI. A dbSNP do NCBI apresenta a frequência do alelo menor para cada número de rs incluído numa população global predefinida.

Capítulo 3

Alterações do número de cópias do ADN mitocondrial
e risco de endometriose

3.1 Introdução

A mitocôndria exibe herança materna, que individualmente compreende o seu próprio genoma e é referida como mtDNA. A biogénese mitocondrial é regulada por várias vias interdependentes que resultam na manutenção da homeostase mitocondrial (Ploumi et al., 2017). As células aclimatam-se às exigências energéticas, à disponibilidade de nutrientes e ao stress oxidativo através do controlo do número de cópias do ADN mitocondrial (ADNmt) (Santos et al., 2014). Níveis anormais ou variáveis de número de cópias de mtDNA (MCN) resultam em disfunção mitocondrial, que, juntamente com o estresse oxidativo, levará ao aumento do número de cópias de mtDNA (Sun et al., 2019; Kim et al., 2019). Este mecanismo compensatório das mitocôndrias mantém a homeostase celular.

O mtDNA humano é uma molécula circular de cadeia dupla (ds) composta por 16 569 pb com uma massa molecular de 107 daltons (Sharma et al., 2019). As células eucarióticas contêm milhares de moléculas de mtDNA, embaladas em nucleóides, que exibem uma montagem macromolecular distinta e ditam as interacções mtDNA-proteína associadas à genética mitocondrial (Wang et al., 2006). Funciona como uma unidade básica para a segregação, replicação e expressão genética do mtDNA. Funciona também como uma plataforma para a regulação subtil e ordenada do genoma mitocondrial (Lee et al., 2017). Os nucleóides são compostos principalmente pelo fator de transcrição mitocondrial A (TFAM) que, por sua vez, se liga ao mtDNA e permite sua compactação, afetando assim a acessibilidade do genoma (Filograna et al., 2021).

Cada mitocôndria é constituída por 2-10 moléculas de mtDNA e o conteúdo de mtDNA por célula é expresso em número de cópias, que varia entre 10^2 e 10^4, dependendo do tipo de célula e da origem do tecido (Veltri et al., 1990). O número de cópias de mtDNA, um biomarcador promissor da função mitocondrial, e os seus níveis variáveis estão associados ao desenvolvimento de patologias humanas como o cancro e várias outras doenças. Investigações anteriores indicam que a variação (aumento ou diminuição) do número de cópias do mtDNA pode contribuir para a tumorigénese (Shen et al., 2010). O baixo conteúdo de mtDNA no sangue periférico está associado a patologias humanas, como doenças cardiovasculares, diabetes (tipo 2) (Xia et al., 20017) e Síndome do ovário policístico (SOP) (Tumu et al., 2019).

Os complexos de fosforilação oxidativa (OXPHOS), compreendem a cadeia de transporte de elétrons (Complexos I-IV) e a ATP sintase (Complexo V), que são cruciais para a geração eficiente de energia (Kang et al., 2018). O mtDNA codifica para 13 polipeptídeos da OXPHOS, incluindo 07 subunidades do complexo-I, 01 subunidade do complexo-III, 03 subunidades do complexo-IV e 02 do complexo-V, que são essenciais para o processo de geração de ATP pela OXPHOS. Também codifica para RNAs de transferência (22) e 2 rRNAs (12S & 16S rRNAs), essenciais para a tradução do DNA mitocondrial (Garcia et al., 2017). Múltiplas cópias de mtDNA são encontradas dentro de cada mitocôndria, com células carregando múltiplas mitocôndrias por unidade celular. A elevada densidade genética do mtDNA deve-se à estrutura altamente compacta do mtDNA, juntamente com as suas numerosas cópias dentro das células (Sharma et al., 2019).

A função mitocondrial deficiente é uma via comum que se propõe contribuir para a doença da endometriose. Ao contrário do ADN genómico, a falta de histonas protectoras e a ineficiência dos mecanismos de reparação tornam o ADNmt mais vulnerável aos danos oxidativos. A deficiência de energia induz a proliferação mitocondrial, o que, por sua vez, resulta num aumento do número de cópias do ADN mitocondrial como mecanismo de redenção (Xia et al., 20017). O aumento do stress oxidativo e da inflamação é contribuído por níveis variáveis de mtDNA, que podem desempenhar um papel patogénico na disfunção mitocondrial e no desenvolvimento de doenças (Malik et al., 2013). Por conseguinte, os níveis de mtDNA podem ser um biomarcador prognóstico e de monitorização da disfunção mitocondrial.

3.2. Resultados

3.2.1 Diminuição do número relativo de cópias do mtDNA na endometriose

As variações do número de cópias do mtDNA foram quantificadas utilizando qRT-PCR. Os primers utilizados para o número de cópias mitocondriais são apresentados na Tabela 3.1. Os resultados revelaram uma diminuição significativa do número de cópias do mtDNA nos casos de endometriose em comparação com os controlos (P<0,05). O número médio de cópias de mtDNA foi de 1,430 ± 0,403 nos controlos e de 1,100 ± 0,479 nos casos (Fig. 3.1).

Tabela 3.1 Sequências de iniciadores utilizadas para analisar o número de cópias do ADN mitocondrial

S. Não	Gene	Primers (5'^3')	Amplicon Tamanho (bp)	Temperatura de recozimento (ᵒc)
1	GAPDH	Forward 5'GCCAATCTCAGTCCCTTCCC3' Reverso 5'AGGTCTTGAGGCCTGAGCTA3'	177	59
2	ND1	Forward 5'GGGCTACTACAACCCTTCGCT3' Reverso 5'GAGGCCTAGGTTGAGGTTGAC3'	153	59

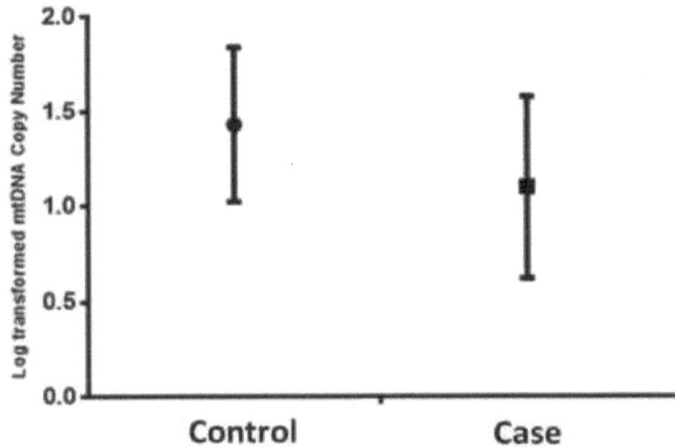

Figura 3.1 Número de cópias de mtDNA transformado em log em casos de endometriose e controlos. Valores de p (P<0,05) calculados pelo teste t.

Os indivíduos estudados foram divididos em grupos altos ou baixos com base no valor médio do número de cópias do mtDNA nos controlos. Observámos que um baixo número de cópias do mtDNA estava associado a um risco acrescido de endometriose (valor de P (x^2) =0,039; odds ratio (OR) = 0,663, IC95%: 0,449 a 0,9811) Tabela 3.2.

Tabela 3.2 Risco de endometriose estimado pelo número de cópias do mtDNA.

Cópia do mtDNA Númeroa	Casos (%)	Controlos (%)	X^2 p-valor	Rácio de probabilidade	IC95%
Por meio de >1.43 <1.43	71(35.5) 129(64.5)	102(45.3) 123(54.6)	0.039	1 (referência) 0.6637	0,449 a 0,9811

Abreviaturas: 1. mtDNA = ADN mitocondrial; 2. IC = intervalos de confiança.[a] O número de cópias do mtDNA foi agrupado com base no valor médio dos controlos.

3.3. Discussão

Nosso estudo mostrou uma diminuição significativa do número de cópias do mtDNA em casos de endometriose em comparação com controles (P <0,05). É consistente com estudos de caso-controle anteriores que relatam redução do número de cópias do mtDNA em várias outras doenças, incluindo SOP (Lee et al., 2011, Tumu et al., 2019). Modificações do mtDNA por redução de seu número de cópias em uma célula, podem impedir a respiração mitocondrial e concordar com diversas patologias como neuropatias e encefelopatias (El-Hattab e Scaglia, 2013). No entanto, a contribuição de alterações no número real de genomas de mtDNA num tumor para o seu desenvolvimento e progressão ainda não foi eficazmente investigada (Reznik et al., 2016).

Sabe-se que as alterações no número de cópias influenciam o estado de transcrição dos genes envolvidos na cadeia de transporte de electrões mitocondrial e na ATP sintase. Foi observada uma diminuição do conteúdo de mtDNA em linhas celulares quando expostas ao brometo de etídio, afectando vias de sinalização adicionais (Chandel e Schumacker, 1999). Nos eucariotas, cada tecido apresenta genes definidos que estão intensamente associados a níveis flutuantes de número de cópias. Existe uma correlação positiva significativa do número de cópias com a expressão de TFAM, que é um fator de transcrição crucial que se liga ao mtDNA em nucleóides (Reznik et al., 2016). Embora o TFAM seja crucial para empacotar o mtDNA em nucleóides, ele também funciona como um importante regulador do número de cópias do mtDNA. A diminuição dos níveis de mtDNA em ~ 50% é causada pela interrupção heterozigótica de TFAM e o aumento do conteúdo de mtDNA em ~ 50-100% é devido à superexpressão de TFAM (Filograna et al., 2021). Uma região no cromossoma 10, que contém TFAM e outros genes, tem um efeito considerável nos níveis de mtDNA, de acordo com o recente estudo genético realizado em seres humanos (Filograna et al., 2021).

A regulação da expressão do mtDNA é essencial para a biogénese do sistema OXPHOS, pelo que a concentração de mtDNA nas células e nos tecidos depende das necessidades metabólicas (Dickinson et al., 2013). Por conseguinte, os níveis de mtDNA são específicos da fase de desenvolvimento e dos tecidos e são finamente controlados por uma harmonia entre a renovação e a replicação. Investigações anteriores em seres humanos mostraram que o número de cópias de mtDNA por unidade celular pode variar em várias ordens de grandeza, oscilando entre ~ $1x10^5$ números de cópias de mtDNA em oócitos (Chen et al., 1995) e ~ 4-6 X 10^3 no coração, 0,5-2 X 10^3 nos pulmões, fígado e rim (D'Erchia et al., 2015).

Os polimorfismos dos genes envolvidos na biogénese mitocondrial podem resultar na diminuição da expressão das proteínas codificadas pelo mtDNA e da OXPHOS das mitocôndrias. As mitocôndrias afectadas não conseguem produzir ATP suficiente para satisfazer as necessidades energéticas de vários órgãos, o que conduz à falência multiorgânica. Os défices de energia podem estimular a proliferação mitocondrial, levando a um aumento do número de cópias mitocondriais como resposta compensatória (Xia et al., 2017). No entanto, a variação dos níveis de mtDNA pode estar de acordo com a inflamação e o aumento do stress oxidativo, desempenhando provavelmente um papel fundamental na biogénese mitocondrial.

A taxa de mutação no ADNmt é ~10x superior à do ADN nuclear, uma vez que a mitocôndria é o principal produtor de EROs celulares. O aumento dos níveis de ERO no ambiente local, a deficiência de histonas protectoras e a diminuição da reparação do ADN conduzem a danos no ADN. Como resultado de rupturas de cadeia única induzidas por ROS no DNA mitocondrial, o turnover e a degradação mitocondrial são alterados, enfatizando os mecanismos específicos da mitocôndria que sustentam o DNA (Beadnell et al., 2018).

A biogénese mitocondrial é um processo de aumento do conteúdo mitocondrial que é principalmente impulsionado por alterações na transcrição nuclear. A regulação do número de cópias do mtDNA é um processo complexo e depende de vários factores, incluindo mutações do mtDNA e variações genéticas nos genes envolvidos na replicação e transcrição do mtDNA. Reguladores transcricionais específicos desempenham um papel fundamental na regulação do número de cópias do mtDNA (Fernandez-Marcos et al., 2011). É importante salientar que a PGC-1a ativa a expressão do Fator Respiratório Nuclear (NRF)-1 e -2, que por sua vez estimula a TFAM. A regulação transcricional positiva do TFAM está associada ao aumento do conteúdo de mtDNA, inferindo que o TFAM coordena as respostas de transcrição nuclear e mitocondrial (Kang et al., 2018).

Este estudo revelou a redução do número de cópias do mtDNA em doentes com endometriose e a associação da diminuição do número de cópias do mtDNA com a progressão da doença. Com o papel intrincado do número de cópias do mtDNA na progressão da endometriose, a monitorização dos níveis de mtDNA pode ser um biomarcador para prever indivíduos em risco de desenvolver endometriose. São necessários mais estudos para elucidar estas associações e os mecanismos moleculares em várias populações com diferentes origens étnicas.

Capítulo 4

SNP do gene
do fator de transcrição mitocondrial A
(TFAM) e risco de
endometriose

4.1. Introdução

O fator de transcrição mitocondrial A (TFAM) codificado pelo núcleo tem um papel crucial na replicação e transcrição do DNA mitocondrial (mtDNA) (Ueda et al., 2020), regulando assim diretamente o número de cópias do mtDNA. Como observámos uma diminuição do número de cópias do mtDNA, o nosso objetivo foi analisar a implicação do polimorfismo do gene TFAM, que é um regulador direto da biogénese mitocondrial. As mitocôndrias de mamíferos abrigam seu próprio genoma e codificam 13 complexos do sistema de fosforilação oxidativa (OXPHOS), 02 genes de RNA ribossomal e 22 RNAs de transferência que são necessários para a produção de energia celular (Mishmar et al., 2019). O mtDNA de mamíferos é embalado em estruturas de proteína-DNA, denominadas nucleóides (Gustafsson et al., 2016). Ambos os genomas, ou seja, o genoma nuclear e mitocondrial, funcionam de forma controlada para manter um ETC funcional normal.

O ADN mitocondrial é mais suscetível a lesões oxidativas do que o núcleo. A TFAM é conhecida por promover a estabilidade e preservação do DNA mitocondrial, reparar e influenciar a morte celular (Ueda et al., 2020). O TFAM é altamente preservado em todas as espécies e a concentração de TFAM nas células se correlaciona positivamente com a condensação do mtDNA, de modo que concentrações mais altas de TFAM causam mais compactação do mtDNA (Mishmar et al., 2019). Também é importante para a manutenção da integridade e estabilidade do mtDNA, portanto, reflete os níveis variáveis de mtDNA na célula (Ekstrand et al., 2004). O gene humano TFAM está localizado no cromossoma 10, no locus 10q21 (Figura 4.1). O gene TFAM tem uma extensão de 10,72 kb e é composto por sete exões e seis intrões.

O presente estudo foi concebido para investigar a associação do polimorfismo *+35 G/C*, uma variante comum localizada no primeiro exão do gene TFAM entre os casos e controlos de endometriose. O TFAM *+35G/C* é uma mutação missense que leva a uma substituição de aminoácidos de serina para treonina na 12ª posição (Ser12Thr) (Reddy et al., 2018). Esta mutação pode interferir na capacidade de ligação arquitetural do TFAM que afectam o funcionamento global das mitocôndrias, conduzindo à suscetibilidade a doenças.

Vários estudos mostraram uma associação do polimorfismo do TFAM com a progressão de várias doenças, como a doença de Alzheimer, a doença de Huntington, a neuropatia diabética e o cancro do ovário (Taherzadeh-Fard et al., 2011; Zhang et al., 2012; Kurita et al. 2011; Chandrasekaran et al., 2015), no entanto, não há relatos documentados na endometriose. Ekstrand et al. elucidaram o novo papel do TFAM na regulação direta do número de cópias do mtDNA em mamíferos (Ekstrand et al., 2004) e foi demonstrado um aumento significativo do número elevado de cópias do mtDNA no adenocarcinoma do endométrio (Wang at al., 2005).

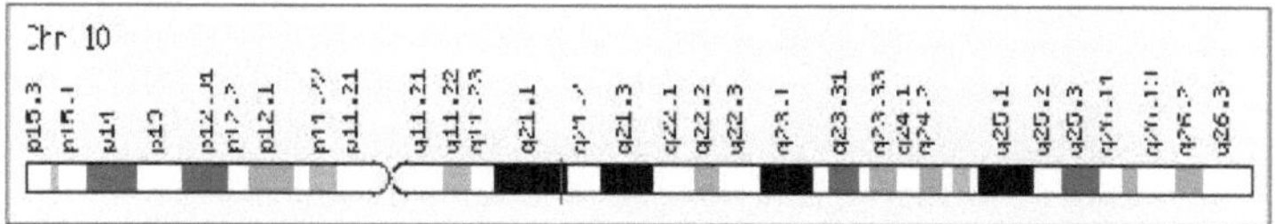

Figura 4.1. Localização genómica do gene TFAM (Adotado de: http://www.genecards.org)

4.2. Resultados

4.2.1. Genotipagem do polimorfismo TFAM +*35G/C*

A genotipagem dos polimorfismos do gene TFAM foi efectuada através da reação em cadeia da polimerase (PCR), apresentada na figura 4.2, e do método de polimorfismo de comprimento de fragmentos de restrição (RFLP), apresentado na figura 4.3 e na tabela 4.3. Os primers utilizados para a amplificação por PCR e as condições utilizadas estão tabelados nos quadros 4.1 e 4.2. Os resultados foram confirmados por análise de sequenciação.

Tabela 4.1. Sequências de primers utilizadas para amplificar o polimorfismo TFAM +*35G/C*.

S. Não	Gene/ Região	Primers (5'^3')	Amplicon Tamanho (bp)	Temperatura de recozimento (ₒC)	Referência
1	TFAM Exão-1 (G/C)	Avançar 5'CCCCGCCCCCATCTACCGA3' Inverter 5'GACGTCCTGGGCCCTGCTG3'	326	60	(Paladn et al., 2011)

Tabela 4.2. Condições de PCR utilizadas para a amplificação do polimorfismo TFAM +*35G/C*.

ds ID SNP	Passo 1	Passo 2 Desnaturação (°C - Sec)	Passo 3 Recozimento (°C - Seg)	Passo 4 Extensão (°C - min)	Etapas 2, 3 e 4 N.º de ciclos	Etapa 5 Final Extensão (°C - min)
rs1937	Desnaturação inicial a 95°C 5 min	94°C 40 seg	60°C 50 seg	72°C 1 min	40	Extensão final a 72°C 10 min

Escada de 50 pb

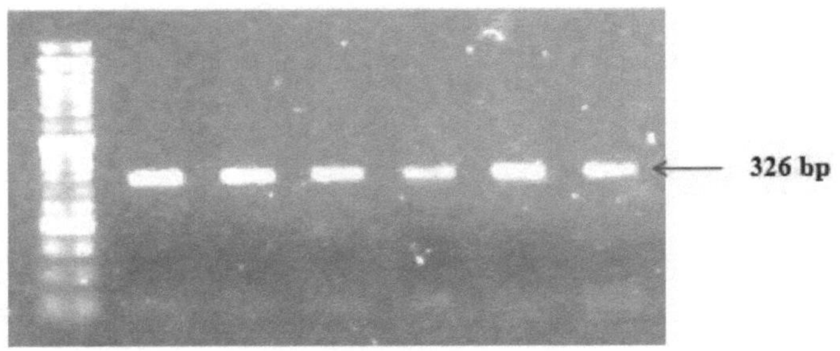

Figura 4.2 Imagem do gel que mostra o produto amplificado da PCR do gene TFAM.
Tabela 4.3. Genótipos do polimorfismo TFAM *+35G/C* com base nos <u>padrões</u> de digestão de restrição <u>dos produtos de PCR.</u>

S. Não	ds SNP ID/Região/ Genótipo	Enzima de restrição	Produto PCR Tamanho (bp)	Genótipo e tamanho da banda digerida (bp)			Efeito da mutação
1	rs1937 Exão-1 (G/C)	Dde I	326	GG: 326 pb + 210 pb	GC: 326 pb + 209 pb + 107 pb	CC: 326 pb	Missense

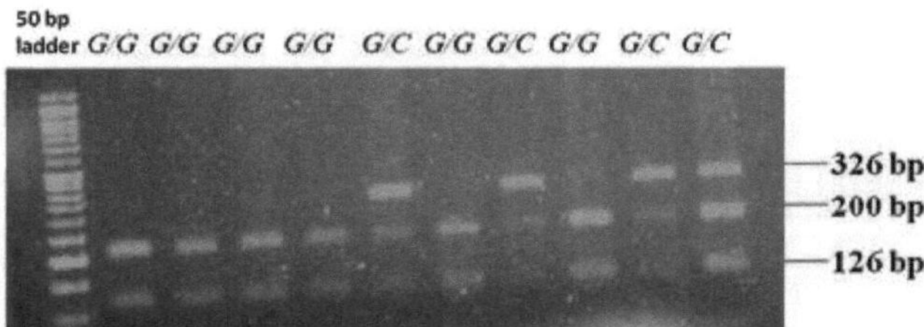

Figura 4.3 Imagem de gel mostrando o padrão RFLP para o polimorfismo do gene TFAM.

A análise da sequenciação dos produtos de PCR de 326 pb é apresentada na figura. 4.4. O homozigoto T/T, C/C, GG apareceu como um pico único, enquanto o heterozigoto G/C apareceu como um pico duplo.

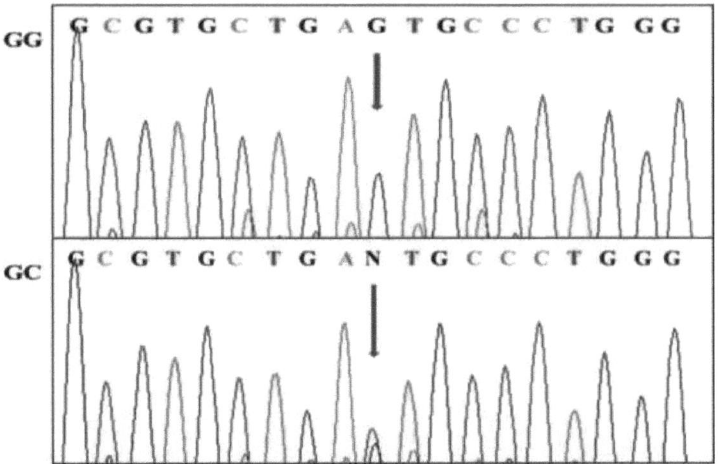

Figura 4.4: Genotipagem do polimorfismo TFAM *+35G/C* por análise da sequência de o produto ampliado por PCR utilizando um primer forward.

A distribuição genotípica e alélica do polimorfismo TFAM *+35G/C* está tabelada na Tabela 4.4. As distribuições genotípica e alélica do polimorfismo TFAM *+35G/C* revelaram diferenças significativas entre casos e controlos (Tabela 4.4). Verificou-se uma redução significativa da frequência do genótipo *GG* (P=0,012; OR-0,587; IC 95%-0,3862 a 0,8945) nos casos em comparação com os controlos, ao passo que a frequência do alelo "*C*" (P=0,023; OR-0,6452; IC 95%-0,3862 a 0,8945) foi significativamente mais elevada nos casos do que nos controlos.

Tabela 4.4: Frequências genotípicas e alélicas do polimorfismo *TFAM+35G/C* em casos e controlos de endometriose.

Genótipos/Alelos	Casos (%)	Controlos (%)	Valor de p	Rácio de probabilidade	IC 95%
Genótipos					
GG	129 (64.5)	170 (75.5)		1	1
CG	71 (35.5)	55 (24.5)	0.0127a	0.5878	0,3862 a 0.8945
CC	00 (0)	00 (0)			
Alelos			0.02358 b		0,4407 a
G	329 (82.3)	395 (87.7)		0.6452	0.9447
C	71 (17.7)	55(12.3)			

IC, Intervalo de Confiança.

[a]Teste exato de Fisher (tabela 3 X 2 com 2 df), P < 0,05.

[b]Teste exato de Fisher (tabela 2 X2 a 1 df), P < 0,05.

4.2.2. Correlação entre o número relativo de cópias do mtDNA e os genótipos TFAM

Estudámos o conteúdo do mtDNA em relação com a variante acima mencionada no gene TFAM e verificámos que não existem diferenças estatisticamente significativas no número de cópias do mtDNA entre os genótipos nos casos de endometriose (P = 0,163; Tabela 4.5).

Tabela 4.5 Frequências genotípicas do polimorfismo do gene TFAM juntamente com a MCN

Genótipos / Alelos	Casos (Média±SD*)	Valor de p
Genótipos GG	1.32±0.49	0.163
CG	1.22±0.47	
CC		

*DP= Desvio padrão

4.2.3 Efeito da variante TFAM na ligação dos factores de transcrição

De acordo com o programa AliBaba2, a variante genética de TFAM gerou um local de ligação adicional para o fator de transcrição Sp1 (Figura 4.5). O fator de transcrição Specificity protein 1 (Sp1), tem um papel na promoção de oncogenes essenciais para a sobrevivência, metástase e progressão do tumor (Tang et al., 2017).

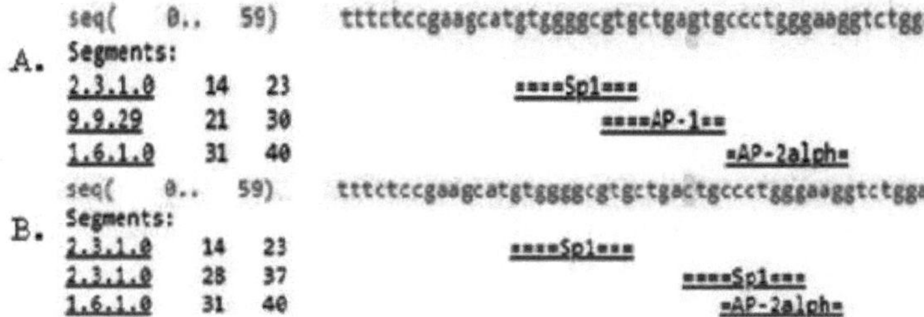

Figura 4.5. Um efeito previsto da variante rs1937 no local de ligação do fator de transcrição. Comparação entre o alelo G (A) e o alelo C (B) do rs1937 para o local putativo de ligação ao fator de transcrição.

4.2.4 Comparação dos dados de frequência de mutação do polimorfismo estudado a partir de várias bases de dados.

A frequência alélica menor deste Polimorfismo foi comparada com os dados de frequência de mutação de populações de diferentes origens étnicas obtidos de várias fontes. Observamos que o valor da frequência encontrado nos casos foi próximo ao valor descrito para a população americana de acordo com a base de dados EXAC (dbSNP) (Tabela 4.6).

Tabela 4.6. Frequências de alelos menores do polimorfismo do gene TFAM em populações de diferentes origens étnicas, obtidas a partir das bases de dados HapMap, 1000Genomes, GnomAD - Genomes e EXAC (dbSNP).

Polimorfismo	População	Estudo			
		HapMap	1000 Genoma	GnomAD	EXAC
gene TFAM	Mundial	0.07	0.08	0.07	0.15
rs1937	Europeu	-	0.08	0.1	0.17
	Africano	0	0.006	0.02	0.15
	Asiático	0.12	0.11	0.16	0.02
	americano	0.1	0.09	0.07	0.22

Alelo menor para rs1937- C.

4.3 Discussão

As mitocôndrias são altamente susceptíveis a danos oxidativos e a desordem da função mitocondrial a nível celular pode ter impacto na homeostase metabólica do corpo inteiro, levando à hipótese de que as anomalias nos marcadores do metabolismo mitocondrial estão relacionadas com a progressão da doença (Cormio et al., 2012). A integridade e a manutenção do mtDNA são essenciais para a biogénese mitocondrial e a homeostasia energética celular (Zhang et al., 2012). O principal regulador da fosforilação oxidativa e da biogénese mitocondrial dos mamíferos é a TFAM, uma proteína codificada a nível nuclear, que dobra e desenrola o ADN após ligação. Pertence à família de proteínas da caixa de alta mobilidade (HMG) (Cormio et al., 2009). Controla a transcrição e a replicação do mtDNA ligando-se tanto ao promotor de cadeia pesada (HSP) como ao promotor de cadeia leve (LSP), regulando assim o número de cópias mitocondriais (Picca et al., 2012; Ikeda et al., 2015). Kanki et al. demonstraram que a TFAM estabiliza e aumenta a transcrição do mtDNA de uma forma específica do promotor na presença da RNA polimerase mitocondrial, indicando o seu papel fundamental na manutenção do mtDNA (Kanki et al., 2004).

No presente estudo, avaliámos, pela primeira vez, uma associação significativa do polimorfismo TFAM *+35G/C* com o risco de endometriose em mulheres indianas. Os resultados mostraram diferenças significativas nas frequências genotípicas (*P=0,009*) e alélicas (*P=0,017*) do polimorfismo *+35G/C* entre doentes com endometriose e controlos (Quadro 1). A frequência do alelo "*C*" é significativamente mais elevada *(P=0,017)* nos casos de endometriose do que nos controlos não afectados. Além disso, observámos uma elevada frequência do genótipo *GG* e do alelo *"G"* nos controlos quando comparados com os casos, actuando assim como um alelo protetor contra o desenvolvimento de endometriose. Além disso, neste estudo não observámos o genótipo *CC* na nossa população, tal como observado num estudo anterior realizado por Gianotti et al. na população europeia (Gianotti et al., 2008). Tal pode dever-se à frequência muito baixa do alelo menor '*C*' (https://www.ncbi.nlm.nih.gov/snp/rs1937 e ALFA Allelele Frequency, Global: G=0,90404, C=0,09596; Sul da Ásia: G=0,93, C=0,07).

O estrogénio estimula a biogénese mitocondrial através da ativação do coactivador 1-alfa do recetor gama ativado por proliferador de peroxissoma (PGC-1a) (Huss et al., 2015). O PGC-1a, mediado por estrogénios e regulado para cima, ativa o TFAM e a biogénese mitocondrial no cancro do endométrio tipo I através da interação com vários parceiros de ligação e constituindo uma cascata reguladora, controlando a expressão de genes-alvo de uma forma específica do estímulo (Cormio A et al., 2009). Os polimorfismos do gene TFAM também podem levar a uma sinalização aberrante dos estrogénios. Altera a expressão do seu gene alvo BCL2L1, que é um importante mediador da morte celular programada. Guo J et al., 2011, relataram uma elevada frequência de mutações truncadas do TFAM que conduziram a um baixo nível da proteína TFAM e a um número reduzido de cópias do mtDNA nas células, o que, por sua vez, pode afetar a sinalização apoptótica nas células endometrióticas.

A inflamação e a perturbação bioenergética são fenómenos fisiopatológicos cruciais na endometriose. O TFAM é um homólogo estrutural e funcional do HMGB1 e tem sido implicado como um fator chave de desencadeamento da inflamação nos tecidos, uma caraterística chave da endometriose (Little JP et al., 2014). É também um fator contributivo fundamental para o início das respostas inflamatórias (Chaung et al., 2012). O TFAM é capaz de induzir inflamação, quer isoladamente, quer em associação com outras moléculas pró-inflamatórias como o TNFa, NFκB, através da ativação da via PI3K (Wilkins et al., 2014).

Qualquer alteração no gene TFAM pode influenciar a cascata de sinalização inflamatória em lesões endometrióticas (Chaung et al., 2012). Por conseguinte, a alteração da sinalização do estrogénio e do fornecimento de energia mitocondrial pode levar ao crescimento de tecidos endometriais ectópicos.

Além disso, também procurámos determinar a relação entre o conteúdo de mtDNA no sangue periférico observado em doentes com endometriose e o polimorfismo TFAM *+35 G/C*, e não encontrámos diferenças significativas no número de cópias de mtDNA dos leucócitos com os genótipos nos casos de endometriose. No entanto, o conteúdo de mtDNA está relacionado com vários outros factores, tais como a regulação de genes codificados no núcleo. Os mecanismos de regulação do conteúdo de mtDNA não são totalmente claros. A variação rs1937 cria um local adicional para a ligação dos factores de transcrição Sp1. O fator de transcrição Specificity protein 1 (Sp1), é um fator chave na promoção de oncogenes essenciais para a sobrevivência, metástase e progressão do tumor (Tang et al., 2017).

As frequências alélicas menores para este polimorfismo foram comparadas com os dados de frequência de mutação de populações de diferentes origens étnicas, obtidos a partir do HapMap, 1000Genomes, Genome Aggregation (GnomAD) e banco de dados EXAC (dbSNP). Observamos que as frequências alélicas menores encontradas nos casos do polimorfismo estudado foram próximas aos valores descritos para a população americana de acordo com o banco de dados EXAC. A frequência alélica menor deste polimorfismo foi comparada com os dados de frequência de mutação de populações de diferentes origens étnicas obtidos de diversas fontes. Observamos que o valor da frequência encontrado nos casos foi próximo ao valor descrito para a população americana de acordo com o banco de dados EXAC (dbSNP).

Em conclusão, este estudo representa a primeira prova de que o polimorfismo TFAM +35G/C está associado ao risco de desenvolvimento de endometriose na população indiana. Além disso, indica que o número de cópias do mtDNA não se correlaciona com o TFAM em doentes com endometriose. No entanto, é essencial um estudo mais aprofundado com uma amostra de maior dimensão para compreender a potencial ligação entre o TFAM e o número de cópias do mtDNA com o risco de endometriose na população indiana.

Capítulo 5

Variantes do gene PGC-1a (Peroxisome proliferator-activated recetor-gamma co-activator 1 alpha) e risco de endometriose.

5.1 Introdução

O coativador 1 alfa do recetor gama ativado por proliferador de peroxissoma (PGC-1a) é um coativador transcricional com papel regulador multifuncional, originalmente identificado como um coativador de *PPARy* em 1998 (Xia et al., 2019). Sendo uma molécula de sinalização upstream, PGC-1a regula a biogênese mitocondrial através da ativação de TFAM, portanto, o papel dos polimorfismos de nucleotídeo único PGC-1a na biogênese mitocondrial em associação com a endometriose é focado no presente estudo. Está localizado no cromossoma 4p15.1 e é constituído por 13 exões (Arany et al., 2008). É altamente expresso no fígado e no músculo esquelético e está envolvido na manutenção da homeostase da glicose, dos lípidos e da energia. É um elemento regulador de genes crucial em vários processos metabólicos, envolvido no desenvolvimento da obesidade, resistência à insulina e DM2 (Xia et al., 2019). Estimula um conjunto diversificado de processos biológicos através da sua interação com vários factores de transcrição como os factores respiratórios nucleares 1 e 2 (NRF 1, NRF 2) e o recetor a relacionado com o estrogénio (ERRa). Além disso, são os principais responsáveis pelo controlo da expressão de genes codificados no núcleo da mitocôndria, que incluem unidades dos complexos I-V, citocromo c (cyt c) e o fator de transcrição mitocondrial A (TFAM) (Kelly e Scarpulla, 2004). É um regulador chave da biogénese mitocondrial dos mamíferos durante o stress biológico ou patológico em que está envolvido na regulação dos níveis de ROS induzindo a expressão de várias enzimas como a superóxido dismutase (SOD), catalase e glutationa peroxidase (GPx), envolvidas na desintoxicação de ROS (Bost et al., 2019).

A família de proteínas PGC 1 é constituída por três membros, ou seja, PGC-1a, PGC-1e e PRC (coactivador relacionado com PGC-1), que partilham características estruturais e modos de ação comuns (Figura 5.1). A PGC-1a, uma proteína nuclear de 91 kDa, é o primeiro membro descoberto da família, identificado no tecido adiposo castanho (BAT). O terminal N da PGC-1a contém um domínio de ativação da transcrição, bem como um motivo LXXLL rico em leucina para interacções com receptores nucleares (Monsalve et al., 2000). O domínio C-terminal tem um sítio de reconhecimento e ligação do ARN e um domínio rico em serina e arginina. As modificações pós-transcricionais do ARN envolvem os domínios C-terminal e N-terminal acima referidos (Vega et al., 2000).

Embora o PGC-1 a não tenha um domínio de ligação ao ADN, exerce uma função moduladora na transcrição de genes, atuando como uma plataforma de ancoragem para outras proteínas com atividade de histona acetil transferase, promovendo a montagem da maquinaria transcricional para desencadear a transcrição de genes (Bost et al., 2019).

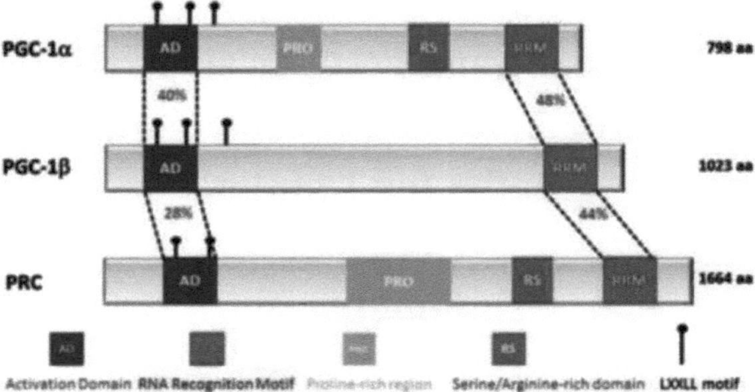

Figura 5.1 Representação esquemática dos três membros da família PGC-1, indicando as suas diferentes regiões e a percentagem de homologia entre cada membro na região N e C-terminal dos co-activadores.

As alterações da função mitocondrial e o aumento do stress oxidativo têm sido fortemente ligada ao desenvolvimento de muitas doenças. O PGC-1a contribui para o metabolismo energético controlado através da regulação transcricional coordenada de genes envolvidos na biogênese mitocondrial, atuando assim como um regulador mestre para a biogênese mitocondrial em muitos tecidos, incluindo o tecido endometrial (Ren et al., 2015) (Brown et al., 2018). O PGC-1a e suas moléculas de sinalização a jusante são importantes na regulação mitocondrial normal em indivíduos com endometriose, pois induzem sua replicação mitocondrial, levam à manutenção do número de cópias do mtDNA (MCN) através da ativação de fatores transcricionais como o fator respiratório nuclear 1 (NRF1) e o fator de transcrição Mt A (TFAM) (Choi et al., 2014).

5.2. Resultados

5.2.1. Genotipagem dos polimorfismos do *PGC1-a*

A genotipagem dos polimorfismos do gene PGC1-a foi efectuada pelo método da reação em cadeia da polimerase (PCR) e do polimorfismo de comprimento de fragmentos de restrição (RFLP). Os
Os primers utilizados para a amplificação por PCR e as condições utilizadas estão registados no Quadro 5.1 e
5.2.

Tabela 5.1 Sequências de primers utilizadas para amplificar os SNP do gene PGC-1a estudados.

S. Não	PGC-1a gene	Primers (5'^3')	Amplico n Tamanho (bp)	Temperatura de recozimento (^{0} C)	Referência
1	rs8192678 Exon-8 (G/A)	Avançar 5 'CAAGTCCTCAGTCCTCAC 3'	611	60	(Zhu et al., 2009)

		Inverter 5 'GGGGTCTTTGAGAAAATA AGG3'			
2	rs13131226 Intrão-2	Avançar 5 'TGACCAGCCATATCCCAA GT3'	289	59	(Zhu et al., 2009)
	(T/C)	Inverter 5 "CAGAGACCAGTTTCCACA GT 3'			
3	rs2970856 Intrão-5 (T/C)	Avançar 5 'TGAAAAAGACACATTCCT GA3' Inverter 5 'GGATAATTCATACAACTT CC3	434	54	(Zhu et al., 2009)

Tabela 5.2 Condições de PCR utilizadas no estudo.

ds ID SNP	Passo 1	Passo 2 Desnaturação (°C - Sec)	Passo 3 Recozimento (°C - Seg)	Passo 4 Extensão (°C - min)	Etapas 2, 3 e 4 N.º de ciclos	Etapa 5 Final Extensão (°C - min)
rs8192678	Desnaturação	94°C 40 seg	60°C 50 seg	72°C 1 min	40	Extensão
rs13131226	inicial a 95°C 5	94°C 40 seg	59°C 50 seg	72°C 1 min	40	final a 72°C
rs2970856	min	94°C 40 seg	54°C 50 seg	72°C 1 min	40	10 min

Neste estudo, efectuámos a genotipagem de três polimorfismos de nucleótido único (SNP) de gene PGC1-a (rs8192678, rs13131226 e rs2970856) por análise PCR-RFLP. Os
As figuras 5.2 e 5.3 mostram a imagem do gel do produto amplificado por PCR e o padrão RFLP dos polimorfismos do gene PGC-1 *a*. Os genótipos dos polimorfismos do gene PGC-1 *a* estudados com base nos padrões de digestão de restrição dos produtos de PCR são apresentados na Tabela 5.3.

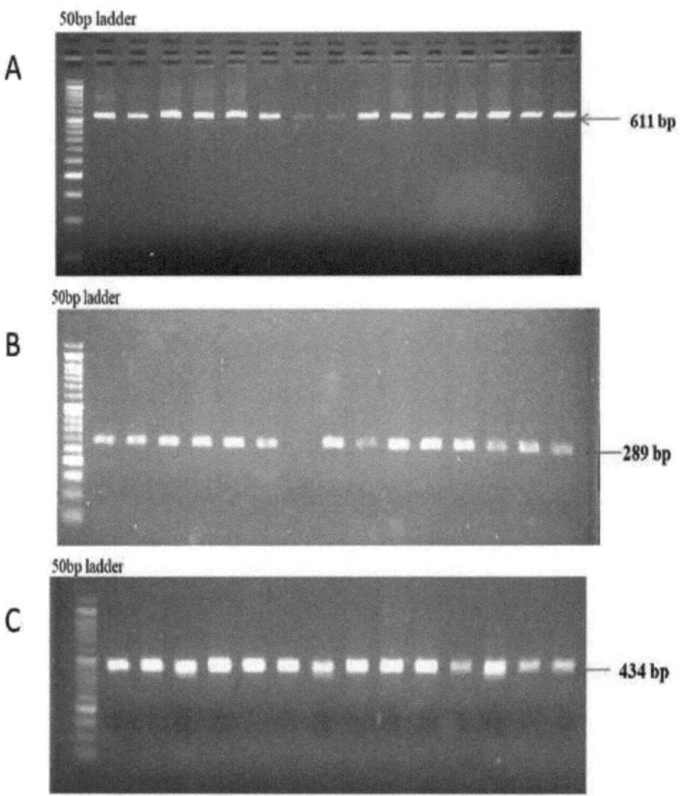

Figura 5.2 Imagem de gel representando o produto amplificado por PCR dos polimorfismos do gene PGC-1 α (A) rs8192678 (B) rs13131226 (C) rs2970856.

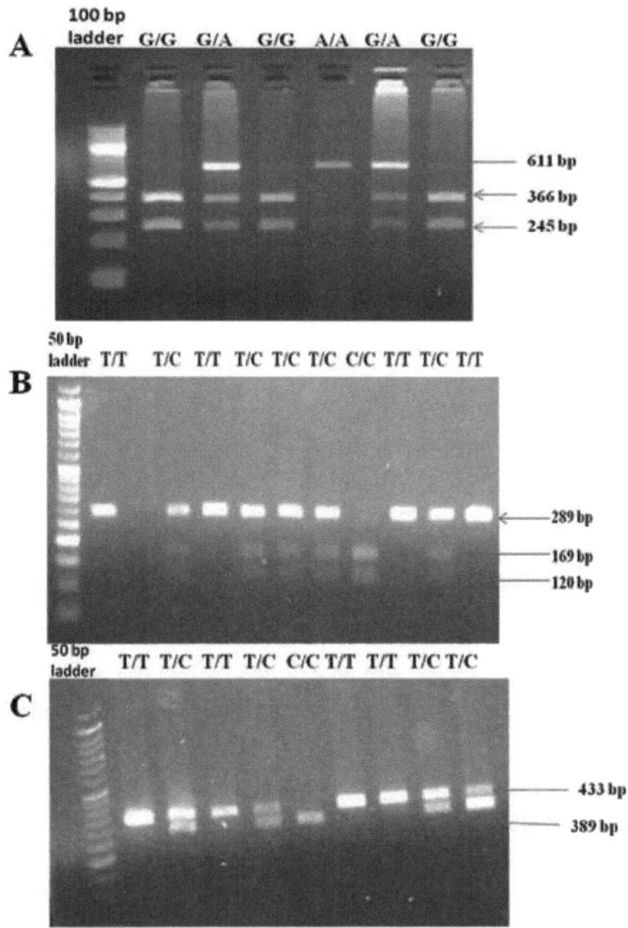

Figura 5.3 Imagens de gel mostrando o padrão RFLP para o polimorfismo PGC 1α (A) rs8192678 (B) rs13131226 (C) rs2970856.

Tabela 5.3 Genótipos de SNP 's de PGC-1 *a* com base em padrões de digestão de restrição de produtos de PCR.

S. Não	ds SNP ID/Região/ Genótipo	Enzima de restrição	Tamanho do produto da PCR (pb)	Genótipo e tamanho da banda digerida (bp)			Efeito da mutação
1	rs8192678 Exão-8 (G/A)	Msp I	611	GG: 368 pb + 243 pb	GA: 611 pb + 368 pb + 243 pb	AA: 611 pb	Missense
2	rs13131226 Intrão-2 (C/T)	Alu I	289	CC: 120 pb + 169 pb	CT: 289 pb + 120 pb + 169 pb	TT: 289 pb	Nenhuma função conhecida
3	rs2970856 Intrão-5 (C/T)	Alu I	434	CC: 389 pb + 45 pb	TC: 434 pb + 389 pb + 45 pb	TT: 434 pb	Nenhuma função conhecida

5.2.1.1 Polimorfismo rs8192678 *(Gly482Ser)*

Todos os indivíduos foram genotipados com sucesso para o **polimorfismo rs8192678 *(G/A)*.** Entre os casos e os controlos, o genótipo **rs8192678 (G/A*)*,** bem como a distribuição dos alelos, estavam todos em equilíbrio de Hardy-Weinberg. A distribuição do genótipo do PGC1-a **rs8192678 *(G/A)*** e as frequências alélicas entre os casos e os controlos estão resumidas na Tabela 5.4. No presente estudo, não observámos diferenças significativas nas frequências genotípicas (P = 0,9296) e alélicas (P = 0,97477) entre os casos de endometriose e os controlos (Tabela 5.4).

5.2.1.2 Polimorfismo rs13131226 *(T/C)*

Os genótipos (P = 0,07946) e as frequências alélicas (P = 0,32643) do polimorfismo rs13131226 *(T/C)* não foram estatisticamente significativos entre os casos de endometriose e os controlos (Tabela 5.4). No entanto, revelaram uma elevada prevalência do alelo de tipo selvagem (*T*) tanto nos casos como nos controlos.

5.2.1.3 Polimorfismo rs2970856 *(T/C)*

Os genótipos (P = 0,1743) e as frequências dos alelos (P = 0,0986) do polimorfismo rs2970856 (*T/C*) não foram significativamente significativos entre os casos de endometriose e os controlos (Quadro 5.4).

Tabela.5.4 Distribuição genotípica e alélica dos polimorfismos PGC1-a em casos e controlos de endometriose.

Genótipos/Alélicos	Casos n=200(%)	Controlos n=225(%)	Valor de p	Rácio de probabilidade	IC 95%
rs8192678 **Genótipos**					
GG	78(39)	90(40)	0.9296	1	1
AG	96(48)	104(46.3)		0.9389	0,6225 a 1,4161
AA	26(13)	31(13.7)		1.0333	0,5654 a 1,8885
Alelos					
G	252(63)	284(63.12)	0.97477	1	1
A	148(37)	166(36.8)		0.9952	0,7529 a 1,3155
rs13131226 **Genótipos**					

TT	93(46.5)	104(46.2)	0.07946	1	1
TC	76(38)	101(44.8)		1.1884	0,7899 a 1,7879
CC	31(15.5)	20(8.8)		0.5769	0,3079 a 1,0809
Alelos					
T	262(65.5)	309(68.6)	0.32643	1	1
C	138(34.5)	141(31.4		0.8663	0,6504 a 1,1539
rs2970856					
Genótipos					
TT	105(52.5)	130(57.7)	0.1743	1	1
TC	74(37)	82(36.4)		0.895	0,5963 a 1,3433
CC	21(10.5)	13(5.7)		0.5	0,239 a 1,0458
Alelos					
T	284(71)	342(76)	0.0986	1	1
C	116(29)	108(24)		0.7731	0,5695 a 1,0495

IC Intervalo de confiança,

aTeste exato de Fisher (tabela 3 *2 com 2 df) P<0,05 b

Teste exato de Fisher (tabela 2*2 com 1 df) P<0,05

5.2.2. Análise da MCN entre indivíduos com diferentes genótipos em doentes com endometriose.

A análise pormenorizada da MCN de indivíduos com vários genótipos de todos os polimorfismos estudados nos casos de endometriose na população indiana é apresentada na Tabela 5.5. Não se registaram diferenças significativas em nenhum dos seguintes genótipos do PGC1-a, ou seja, rs8192678, rs13131226 (T/C), rs2970856 (T/C) dos casos de endometriose, juntamente com o parâmetro MCN.

Tabela 5.5 Genótipos de PGC-1 a dos polimorfismos estudados juntamente com MCN em <u>indivíduos com endometriose.</u>

Genótipos	MCN	Valor Pa
rs8192678(G/A) GG	1.07±0.48	0.616
AG	1.11±0.47	
AA	1.18±0.52	
rs13131226 (T/C) TT	1.16±0.47	0.258
TC	1.04±0.49	
CC	1.06±0.48	
rs2970856(T/C) TT	1.06±0.48	0.407
TC	1.16±0.47	
CC	1.09±0.51	

Os dados são apresentados como média ± S.D.

p^a valores obtidos por comparação de variáveis entre genótipos na endometriose através do teste ANNOVA de uma via seguido do teste de menor significância.

5.2.3. Análise de haplótipos

Para analisar o efeito combinado dos SNP do PGC-1a no risco de desenvolver endometriose, foram calculadas as frequências haplotípicas para vários loci (Tabela 5.6). Os coeficientes de desequilíbrio de ligação (LD) (D') foram calculados para expressar a força da ligação entre os SNP estudados do gene *PGC-1a* entre casos e controlos (Figura 5.4). Foi observado um padrão diferente de LD entre controlos e casos. No entanto, não observámos um LD significativo entre nenhum dos três loci estudados, o que indica que estes haplótipos podem não estar consideravelmente correlacionados com o risco de desenvolver a doença. O haplótipo *GTT* é o haplótipo PGC-1a mais comum na população estudada. O risco relativo de cada haplótipo foi calculado utilizando-o como referência (Tabela 5.6). A correção de Bonferroni foi utilizada para ajustar o nível de significância de um teste estatístico para proteger contra erros do tipo I. Uma vez que temos 8 haplótipos, a correção de Bonferroni deve ser 0,05/8 = 0,00625. Por conseguinte, um *valor de P* inferior a 0,00625 foi considerado significativo. Os nossos resultados não mostraram uma associação significativa entre os haplótipos PGC-1 a e o risco de endometriose.

Tabela 5.6 Frequências haplotípicas dos polimorfismos do PGC-1a em casos e controlos de endometriose

Haplótipos			Haploty pe frequência		Valor P[a]	Rácio de probabilidade	IC95%
G/A	*T/C*	*T/C*	Casos (%)	Controlos (%)			
G	T	T	148(37)	198(44)	1(Reference)	1(Reference)	1(Referência)
G	C	T	43(10.8)	38(8.4)	0.09292	0.6606	0,4065 a 1,0736
G	T	C	38(9.5)	28(6.2)	0.02681	0.5508	0,3234 a 0,9382
G	C	C	23(5.8)	20(4.4)	0.1819	0.65	0,3441 a 1,2278
A	T	T	50(12.5)	61(13.5)	0.67483	0.9119	0,593 a 1,4023
A	C	T	43(10.8)	45(10)	0.30413	0.7822	0,4893 a 1,2504
A	T	C	26(6.5)	22(4.8)	0.13641	0.6325	0,3449 a 1,1599
A	C	C	29(7.3)	38(8.4)	0.93826	0.9794	0,5776 a 1,6608

[a] IC: intervalo de confiança, **exato de Fisher (tabela 2x2 em I df); P < 0,05**

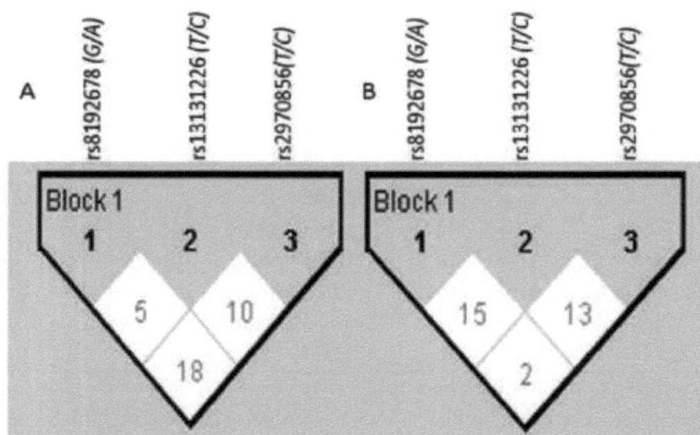

Figura 5.4: A análise LD dos casos e dos controlos é apresentada separadamente. Os gráficos Haploview são apresentados juntamente com o polimorfismo estudado. Os valores de LD em pares (D'= 0-100) dos polimorfismos são apresentados em cada diamante. Um valor de 100 representa o LD máximo possível. (A) Análise do LD dos casos. (B) Análise do LD nos controlos.

5.2.4. Efeito das variantes de PGC-1a na ligação de factores de transcrição:

De acordo com o programa AliBaba2, novos sítios de ligação de factores de transcrição foram criados para todas as variantes de PGC-1a, exceto para rs1313226. A variação rs8192678 cria um local de ligação para o fator de transcrição, Upstream stimulating fator (USF) (Figura 5.5, 5.6).

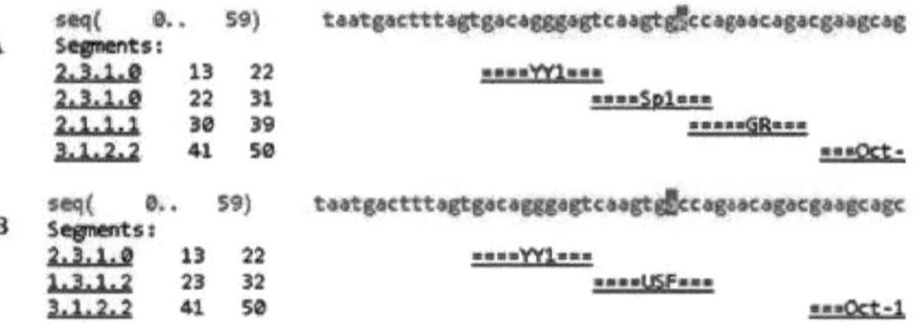

```
      seq(   0..   59)     taatgactttagtgacagggagtcaagtg ccagaacagacgaagcag
A  Segments:
      2.3.1.0   13   22                       ====YY1===
      2.3.1.0   22   31                            ====Sp1===
      2.1.1.1   30   39                                =====GR===
      3.1.2.2   41   50                                      ===Oct-

      seq(   0..   59)     taatgactttagtgacagggagtcaagtg ccagaacagacgaagcagc
B  Segments:
      2.3.1.0   13   22                       ====YY1===
      1.3.1.2   23   32                            ====USF===
      3.1.2.2   41   50                                      ===Oct-1
```

Figura 5.5 Um efeito previsto da variante rs8192678 no local de ligação do fator de transcrição. Comparação entre o alelo G (A) e o alelo A (B) do rs8192678 para o local putativo de ligação ao fator de transcrição.

```
A.  seq(   0..   59)     ttccatagaaaatataaccagatatta ctatatgctatgtgacacaataaatgta
    Segments:
    2.2.1.1   14   23                    ===GATA-1=
    3.1.1.2   23   32                         ====Antp==
    1.1.3.0   39   51                                    ==C/EBPalpha=
    3.1.2.1   46   55                                         ===Pit-1a=

B.  seq(   0..   59)     ttccatagaaaatataaccagatatta ctatatgctatgtgacacaataaatgta
    Segments:
    2.2.1.1   14   23                    ===GATA-1=
    1.1.3.0   39   51                                    ==C/EBPalpha=
    3.1.2.1   46   55                                         ===Pit-1a=
```

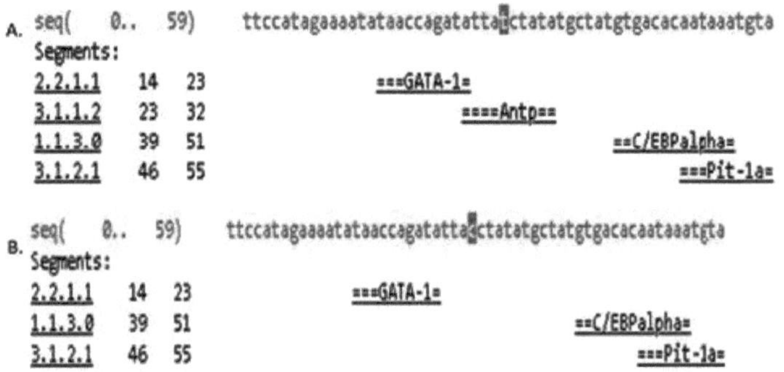

Figura 5.6: Um efeito previsto da variante rs2970856 no local de ligação do fator de transcrição. Comparação entre o alelo T (A) e o alelo C (B) do rs2970856 para o local putativo de ligação ao fator de transcrição.

5.2.5 Comparação do MAF dos polimorfismos estudados a partir de diferentes bases de dados.

A frequência alélica menor do polimorfismo estudado foi comparada com os dados de frequência de mutação de populações de diferentes origens étnicas, obtidos a partir do HapMap, 1000Genomes, base de dados EXAC do GnomAD (dbSNP) disponível no NCBI, e está tabulada na tabela 5.7. A frequência alélica de todos os SNP encontrados nos casos estava muito próxima da dos asiáticos representados no 1000Genomes, exceto no caso do *rs8192678*, que se verificou estar próximo dos europeus; para uma verificação mais aprofundada deste facto, são necessários estudos com amostras de grandes dimensões.

Tabela 5.7 Frequências de alelos menores dos polimorfismos estudados em populações de diferentes origens étnicas, obtidas da base de dados HapMap, 1000Genomes, GnomAD e EXAC (dbSNP).

Polimorfismo	População	Estudo			
		HapMap	1000 Genoma	GnomAD	EXAC
PGC1-a gene					

rs8192678 G/A	Mundial	0.24	0.26	0.25	0.3
	Europeu	0.43	0.36	0.32	0.34
	Africano	0.05	0.04	0.09	0.08
	Asiático	0.47	0.29	0.43	0.32
	americano	0.29	0.25	0.29	0.24
rs13131226 T/C	Mundial	0.37	0.37	0.37	-
	Europeu	-	0.26	0.3	-
	Africano	0.48	0.52	0.48	-
	Asiático	0.29	0.3	0.32	-
	americano	0.31	0.42	0.41	-
rs2970856 T/C	Mundial	0.2	0.15	0.17	-
	Europeu	-	0.19	0.21	-
	Africano	0.07	0.1	0.12	-
	Asiático	0.29	0.21	0.22	-

Alelo menor para *rs8192678-A; rs13131226-C; rs2970856-C*

5.3 Discussão

Na população humana, existem várias variantes do gene PGC-1a que diferem em um único nucleotídeo do alelo principal (Steinbacher et al., 2015). Os polimorfismos rs8192678 (*G/A*), rs13131226 (*T/C*) e rs2970856 (*T/C*) são os três polimorfismos do gene *PGC-1a* analisados no presente estudo. No exão 8 do PGC-1a, a substituição (rs8192678) na posição 1444 substitui a glicina por serina no códão 482. Isso resulta na redução da expressão do gene e da proteína (Prior et al., 2012). No entanto, neste estudo, a distribuição das frequências do genótipo (P=0,9296) e do alelo (p=0,97477) não foi diferente entre os casos de endometriose e os controlos. Este polimorfismo não apresentou um *valor de P* significativo quando comparado entre casos e controlos.

Além disso, para além do polimorfismo acima referido, também estudámos o papel do polimorfismo *rs13131226* (*T/C*) (intrão 2) e do polimorfismo *rs2970856* (*T/C*) (intrão 5) em mulheres indianas. Nem os genótipos nem os alelos destes polimorfismos eram consideravelmente diferentes entre os casos de endometriose e os controlos. A análise dos haplótipos indica que o haplótipo *GTT é* o haplótipo PGC-1a mais comum na população estudada e que nenhum outro haplótipo mostrou uma associação significativa na atribuição do risco de doença na população indiana. Além disso, concentrámo-nos em avaliar a correlação entre o número de cópias do ADN mitocondrial e os genótipos dos polimorfismos PGC-1a estudados em doentes com endometriose. A nossa análise não revelou qualquer variação no número de cópias do ADN mitocondrial, nem qualquer associação significativa com os genótipos dos polimorfismos da PGC1-a, *ou seja, rs8192678, rs13131226 (T/C), rs2970856 (T/C)* em doentes com endometriose.

Foi identificado o novo mecanismo sinérgico entre a PGC-1a e o estrogénio nas células cancerosas do endométrio (Yang et al., 2016). A depleção de PGC-1a poderia induzir a apoptose dependente de mitocôndrias em células cancerígenas endometriais, indicando o seu papel na existência de células cancerígenas endoometriais. O estrogénio contrariou o efeito da deficiência de PGC-1a na função mitocondrial das células cancerosas endometriais (Yang et al., 2016). O aumento dos níveis de ROS leva à ligação da PGC-1 *a* com numerosos factores de transcrição, induzindo a ativação transcricional de enzimas antioxidantes, limitando a síntese de ROS e o stress oxidativo (St-Pierre et al., 2006).

A via de biogénese mitocondrial dependente de PGC-1a foi descrita no tecido endometrial humano (Ren et al., 2015). Além disso, regula as expressões genéticas nucleares e mitocondriais relativas à fosforilação oxidativa e ao transporte de electrões através dos factores respiratórios nucleares 1 e 2 e da coactivação do recetor relacionado com o estrogénio. Esses efeitos podem induzir a superexpressão do fator de transcrição mitocondrial A (TFAM), um ponto de controle da replicação e transcrição do mtDNA e, portanto, regulando o metabolismo oxidativo celular (Cheng et al., 2018).

O PGC-1 *a* liga-se e ativa o papel transcricional do NRF-1 no promotor do TFAM, um regulador direto da biogénese mitocondrial (Steinbacher et al., 2015). Estudos anteriores destacaram o papel central da produção de estrogénio e a associação dos seus níveis na patogénese da endometriose (Bulun et al., 2009). A expressão aumentada de PGC *1a* é observada nos tecidos endometriais uterinos (Ren *et al.*, 2015). A molécula de estrogénio regulada em alta liga-se aos receptores de estrogénio (ERs) nas células endometrióticas, estimulando o crescimento dependente de estrogénio. A *PGC-1a* contribui para a síntese local anormal de estrogénio através da expressão da aromatase no endometrioma do ovário (Suganuma *et al.*, 2014).

No entanto, a relevância funcional da associação da *PGC-1a* com outros factores de transcrição na endometriose não é totalmente compreendida. Estudos anteriores mostraram o aumento da expressão de IL-6 e IL-8, citocinas inflamatórias no fluido peritoneal de pacientes com endometriose (Darai *et al.*, 2014), e também conhecido por promover a proliferação de células endometrióticas (Iwabe et al., 2002). Sendo uma importante molécula de sinalização imunológica, PGC-1 *a* poderia exercer efeitos inflamatórios através da regulação do complexo *NF-κB* e *IκB* na endometriose, portanto, pode ser um biomarcador promissor para novas terapias direcionadas para endometriose (Kataoka et al., 2019). A variação rs8192678 cria um local de ligação para o fator de transcrição USF. O fator estimulante a montante (USF), regula positivamente a expressão de genes envolvidos na proliferação celular e participa na proliferação sem restrições em várias células cancerígenas (Corre et al., 2006).

As frequências alélicas menores para os SNPs avaliados foram comparadas com os dados de frequência de mutação de populações de diferentes origens étnicas, obtidos do HapMap, 1000Genomes, Genome Aggregation (GnomAD) e banco de dados EXAC (dbSNP). Observamos que as frequências alélicas menores encontradas nos casos do polimorfismo estudado foram próximas aos valores descritos para a população asiática de acordo com o 1000 Genome Database. No gene PGC-1a, o alelo A do rs8192678 e o alelo C do rs2970856 é maior em asiáticos e para o rs1313226, o alelo C é maior em africanos. Uma vez que os indianos fazem parte do grupo étnico asiático, as frequências alélicas de todos os SNP encontrados nos casos estavam muito próximas das dos asiáticos representados no 1000Genomes, exceto no caso do *rs8192678*, que se verificou estar próximo dos europeus.

No presente estudo, para além do polimorfismo PGC-1a G/A (rs8192678), estudámos também o polimorfismo rs13131226 (T/C) (intrão 2) e o polimorfismo rs2970856 (T/C) (intrão 5) em mulheres indianas. Não observámos diferenças significativas na distribuição dos genótipos ou dos alelos destes polimorfismos entre os casos de endometriose e os controlos. De acordo com o programa AliBaba2, foram criados novos locais de ligação a factores de transcrição para todas as variantes do PGC-1a, exceto para o rs1313226. O rs8192678 criou um novo sítio de ligação para o USF. O fator estimulante a montante (USF) regula a expressão de genes de proliferação celular e participa na proliferação sem restrições em várias células cancerígenas (Corre et al., 2006). Além disso, os nossos resultados têm potencial para uma futura utilidade clínica na identificação de indivíduos com um risco mais elevado de desenvolver endometriose. São necessários mais estudos com um maior número de indivíduos e a genotipagem de todo o gene PGC-1a para uma melhor compreensão da correlação entre os polimorfismos do gene PGC-1a e a endometriose.

Capítulo -6

Polimorfismos do gene do recetor da vitamina D (VDR) e risco de endometriose

6.1 Introdução

O recetor de vitamina D (VDR), fator de transcrição nuclear, pertence à superfamília de receptores nucleares que se liga com alta afinidade e especificidade à forma ativa da vitamina D (calcitriol) (La Marra et al., 2017). Nosso objetivo foi focar no papel dos polimorfismos do gene VDR na endometriose, pois o PGC-1 a atua como um co-ativador do VDR, indicando seu provável papel na regulação da biogênese mitocondrial. A ligação da vitamina D desencadeia mudanças conformacionais no VDR, facilitando a interação com o recetor X retinoide (RXR), levando à transcrição de genes por ligação a VDREs específicos nas regiões promotoras de genes responsivos no núcleo (Dzik et al., 2019). A vitamina D exerce efeitos pleotrópicos no metabolismo do cálcio e do esqueleto, nas respostas imunológicas, no stress oxidativo, na desintoxicação, nas vias metabólicas relacionadas com o cancro, na proliferação e na diferenciação celular através da ativação do VDR (Kalaitzopoulos et al., 2020).

A distribuição de VDR no endométrio e no ovário humanos em ciclo, sugere o seu papel ativo nesses tecidos (Vigano et al. 2006; Agic et al.2007). Sabe-se que as variantes polimórficas do VDR (Haussler et al. 1969) estão envolvidas na ocorrência de muitas doenças e distúrbios, tais como: doenças cardiovasculares (Kunadian et al., 2014), SOP (Siddamalla et al., 2018), Alzheimer (Littlejohns et al., 2014) e cancro (Garland et al., 2006). ApaI A / C (rs7975232) e TaqI T / C (rs731236) são os polimorfismos de nucleotídeo único (SNPs) mais comumente estudados localizados na região 3 'não traduzida (UTR) do gene VDR. O presente estudo é realizado para analisar os polimorfismos ApaI (rs7975232) e TaqI (rs731236), que são conhecidos por influenciar a expressão gênica pela modificação da estabilidade do mRNA, interrupção dos locais de splicing da transcrição do mRNA (Triantos et al., 2018).

O gene VDR humano pertence à família dos receptores de esteróides. Está localizado no cromossoma 12 (12q14), compreendendo 11 exões, 11 intrões, 02 regiões promotoras, incluindo 06 exões não traduzidos e 08 exões codificantes (Siddamalla et al., 2018). A proteína VDR com 427 aminoácidos, funciona como um heterodímero obrigatório com RXR para ativação de genes alvo da vitamina D. O domínio de ligação ao DNA NH2-terminal (DBD) e o domínio de ligação ao ligante COOH-terminal (LBD) são os dois principais domínios funcionais do VDR, sendo o primeiro altamente conservado e o segundo domínios mais variáveis (Christakos et al., 2016).

6.2 Resultados

6.2.1 Genotipagem dos polimorfismos do gene VDR

A genotipagem dos polimorfismos do gene VDR foi efectuada pelo método da reação em cadeia da polimerase (PCR) e do polimorfismo de comprimento de fragmentos de restrição (RFLP). Os primers utilizados para a amplificação por PCR e as condições utilizadas estão registados nos quadros 6.1 e 6.2.

Tabela 6.1 Sequências de primers utilizadas para amplificar os SNP do gene VDR estudados.

S. Não	VDR Gene	Primers (5'^3')	Amplicon Tamanho (bp)	Temperatura de recozimento (oc)	Referência
1	rs7975232 Apa I	Avançar 5- CAGAGCATGGACAGGGAGCA-3 Inverter 5- GTGGCGGCAGCGGATGTACGT-3	352 pb	59.5	Siddamalla et al., 2018
2	rs731236 Taq I	Avançar 5- CAGAGCATGGACAGGGAGCA-3 Inverter 5- GTGGCGGCAGCGGATGTACGT-3	352 pb	59.5	Siddamalla et al., 2018

Tabela 6.2 Condições de PCR utilizadas no estudo

ds ID SNP	Passo 1	Passo 2 Desnaturação (°C - Sec)	Passo 3 Recozimento (°C - Seg)	Passo 4 Extensão (°C - min)	Etapas 2, 3 e 4 N.º de ciclos	Etapa 5 Final Extensão (°C - min)
rs7975232 (APa I)	Desnaturação inicial a 95°C 5 min	94°C 30 seg	59,5°C 30 seg	72°C durante 10 min	35	Extensão final a 72°C 10 min
rs731236 (Taq I)		94°C 30 seg	59,5°C 30 seg	72°C durante 1 min	35	

Neste estudo, efectuámos a genotipagem de dois polimorfismos de nucleótido único (SNP) de gene VDR por análise PCR-RFLP. As figuras 6.1 e 6.2 mostram a imagem do gel do produto amplificado por PCR e o padrão RFLP dos polimorfismos do gene VDR. Os genótipos dos polimorfismos do gene VDR estudados com base nos padrões de digestão de restrição dos produtos de PCR são apresentados na Tabela 6.3.

Escada de 50 pb

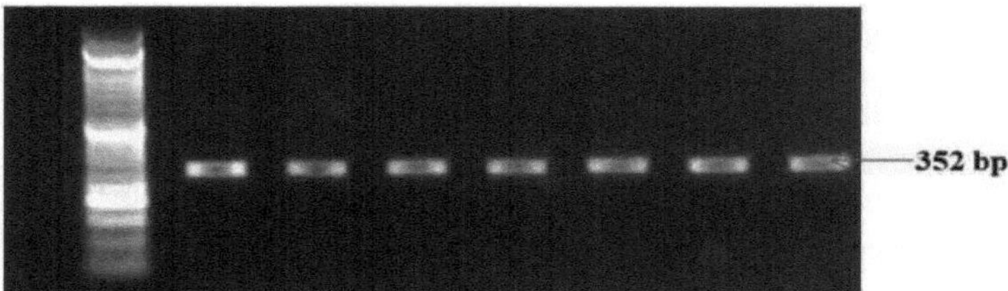

Figura 6.1 Imagens de gel representando 352 produtos amplificados de rs7975232 (A/C) e rs731236 (T/C) do gene VDR.

Tabela 6.3 Genótipos do SNP do gene VDR com base nos padrões de digestão de restrição dos produtos de PCR.

S. Não	ds SNP ID/Região/ Genótipo	Enzima de restrição	Tamanho do produto da PCR (pb)	Genótipo e tamanho da banda digerida (bp)			Efeito da mutação
1	rs7975232	Apa I	352	AA:213 pb+139 pb	CA:352 pb+213 pb+139 pb	CC:352 pb	Missense

| 2 | rs731236 | Taq I | 352 | CC:293 pb +53 pb | TC:352 pb+29 3 pb+53 pb | TT: 352 pb | Nenhuma função conhecida |

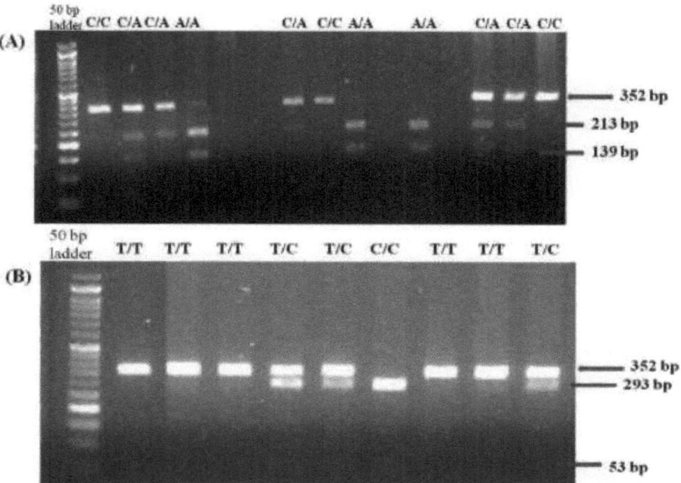

Figura 6.2 Imagens de gel mostrando o padrão RFLP para os polimorfismos do gene VDR (A) rs7975232 (A/C) e (B) rs731236 (T/C).

6.2.2 Polimorfismo ApaI A/C

Todos os indivíduos (n=425) foram genotipados com sucesso por PCR-RFLP e sequenciação. A análise do produto de PCR de 352 pb é apresentada na Figura 6.3 (A). Os homozigotos de ApaI, ou seja, A/A, C/C, apareceram sob a forma de um único pico, enquanto os heterozigotos A/C apareceram como pico duplo. A distribuição do genótipo e do alelo entre os casos e os controlos está resumida na Tabela 6.4. As frequências genotípicas ($P = 0,98708$) e alélicas ($P = 0,88754$) entre os casos de endometriose e os controlos não apresentam diferenças estatisticamente significativas (Tabela 6.4). Em conjunto, estes dados indicam que o VDR ApaI A/C não contribuiu para o risco de endometriose na população indiana.

6.2.3 Polimorfismo TaqI *T/C*

A análise da sequenciação de produtos PCR de 352 pb é apresentada na Figura. 6.3(B). Os homozigotos, ou seja, T/T, C/C, apareceram sob a forma de um único pico, enquanto o heterozigoto T/C apareceu como pico duplo. A distribuição genotípica e alélica do SNP VDR TaqI T/C está tabelada na Tabela 6.4. Verificámos que as frequências genotípicas e alélicas eram relativamente semelhantes nos casos e nos controlos e não observámos qualquer associação estatisticamente significativa entre o genótipo (P = 0,67233) e as frequências alélicas (P = 0,45026) do SNP VDR TaqI T/C e o risco de endometriose na população indiana.

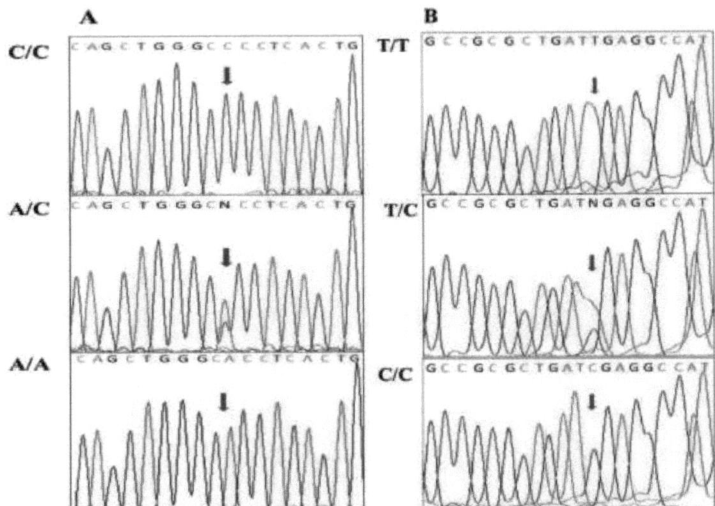

Figura 6.3: Genotipagem dos polimorfismos VDR ApaI A/C e TaqI T/C através da análise de sequências do produto de PCR amplificado com um iniciador forward.

Tabela 6.4 Distribuição genotípica e alélica dos polimorfismos VDR nos casos e controlos de endometriose

Genótipos/Alélicos	Casos (%)	Controlos (%)	Valor de p	Rácio de probabilidade	IC 95%
Genótipos ApaI					
AA	99(49.5)	112(50)	0.98708[a]	1(referência)	
AC	49(24.5)	56(25)		1.0102	0,6319 a 1,6149
CC	52(26)	57(25.3)		0.9689	0,6098 a 1,5394
Alelos					
A	247(62)	280(62.2)	0.88754b	1(referência)	
C	153(38.2)	170(37.7)		0.9802	0,7427 a 1,2936
Genótipos TaqI					
TT	102(51)	111(49.3)	0.67233[a]	1(referência)	
TC	68(34)	73(32.4)		0.9865	0,6444 a 1,5103
CC	30(15)	41(18.2)		1.2559	0,7302 a 2,16
Alelos					
T	272(68)	295(65.5)	0.45 026[b]	1(referência)	
C	128(32)	155(34.4)		1.1165	0,8386 a 1,4865

IC: intervalo de confiança.

[a] Teste exato de Fisher (tabela 3x2 com 2 df); $P<0,05$ [b] Teste exato de Fisher (tabela 2x2 com I df); $P<0,05$

6.2.4 Análise de haplótipos

As frequências haplotípicas para múltiplos loci e o desequilíbrio padronizado (D') para o desequilíbrio de ligação (LD) entre pares foram estimados para analisar o efeito combinado dos polimorfismos VDR no desenvolvimento da endometriose (Tabela 6.5; Figura 6.4). Não houve grande diferença no LD entre os loci ApaI e TaqI entre casos e controlos (D'= 0-100).

Os nossos resultados indicam que o ApaI A & TaqI T é o haplótipo mais prevalente nas mulheres indianas. Assim, utilizando este como referência, calculámos o risco relativo de cada haplótipo (Tabela 6.5).

Para ajustar o nível de significância, foi utilizada a correção de Bonferroni. Para o gene VDR, obtemos quatro haplótipos, pelo que necessitamos de uma correção de Bonferroni de 0,05/4 = 0,012. Assim, valores de $P < 0,012$ foram considerados significativos. Os nossos dados indicaram que o valor de *P foi superior* a 0,012, sugerindo que nem os casos nem os controlos apresentaram uma diferença estatisticamente significativa na ocorrência destes haplótipos.

Tabela 6.5: Comparação das frequências haplotípicas dos polimorfismos VDR entre doentes e controlos com endometriose.

Haplótipos		Frequência haplotípica		Valor P	rácio de probabilidades	IC 95%
APA I (A/C)	TAQ I (T/C)	Casos (%)	Controlos (%)			
A	T	181 (45.25)	183(40.6)	Referência	Referência	Referência
C	T	91(22.75)	111(24.6)	0.28608	1.2064	0,8544 a 1,7035
C	C	63(15.75)	59(13.11)	0.71432	0.9263	0,6146 a 1,3961
A	C	65(16.25)	97(21.5)	0.04159	1.476	1,014 a 2,1484

IC: intervalo de confiança

a

Exato de Fisher (tabela 2x2 em I df); P < 0,05

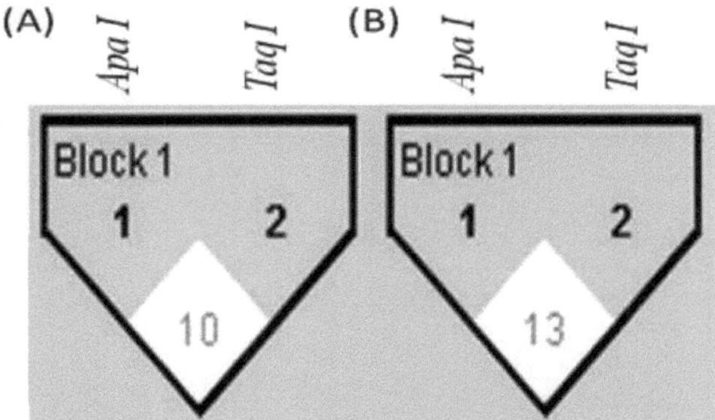

Figura 6.4: A análise LD dos casos e dos controlos é apresentada separadamente. Os gráficos Haploview são apresentados juntamente com o polimorfismo estudado. Os valores de LD em pares (D'= 0-100) dos polimorfismos são apresentados em cada diamante. Um valor de 100 representa o LD máximo possível. (A) Análise do LD dos casos. (B) Análise do LD nos controlos.

6.2.5 Análise da MCN entre indivíduos com diferentes genótipos em doentes com endometriose.

A análise pormenorizada do MCN de indivíduos com vários genótipos de todos os polimorfismos estudados na endometriose na população indiana é apresentada na Tabela 6.6. Não se registaram diferenças significativas em nenhum dos genótipos de VDR, *ou seja,* rs7975232 (A/C), rs731236 (T/C), dos casos de endometriose, juntamente com o parâmetro MCN.

Tabela 6.6. Genótipos de polimorfismos de VDR juntamente com MCN em <u>indivíduos</u>

com endometriose

Genótipos	MCN ±SD	Valor P^{a}
rs7975232 (A/C)		
AA	1.12±0.48	
AC	1.11±0.51	0.971
CC	1.10±0.43	
rs731236 (T/C)		
TT	1.09±0.52	0.825
TC	1.09±0.41	
CC	1.15±0.49	

Os dados são apresentados como média ± S.D.

p^{a} valores obtidos por comparação de variáveis entre genótipos na endometriose através do teste ANNOVA unidirecional seguido do teste de menor significância.

6.2.6 Efeito dos polimorfismos do gene VDR na ligação dos factores de transcrição

De acordo com o programa AliBaba2, os polimorfismos do VDR geraram novos locais de ligação para factores de transcrição (Figura 6.5 e 6.6). Enquanto o polimorfismo rs7975232 do VDR gera dois locais de ligação para novos factores de transcrição Sp1 e USF, o polimorfismo rs731236 introduz novos locais de ligação para o fator de transcrição YY1 (Ying Yang 1).

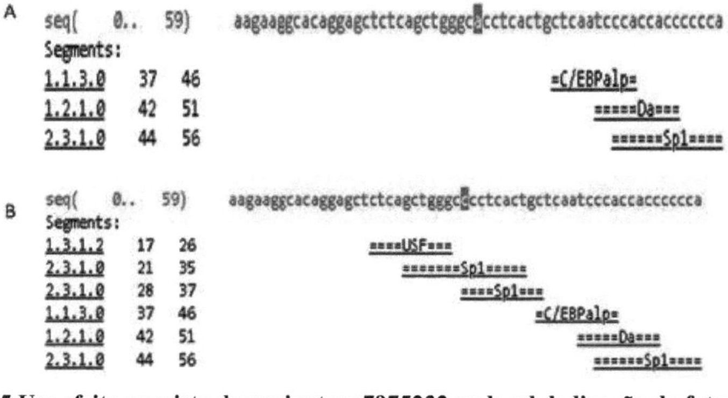

Figura 6.5 Um efeito previsto da variante rs7975232 no local de ligação do fator de transcrição. Comparação entre o alelo A (A) e o alelo C (B) do rs7975232 para o local putativo de ligação ao fator de transcrição.

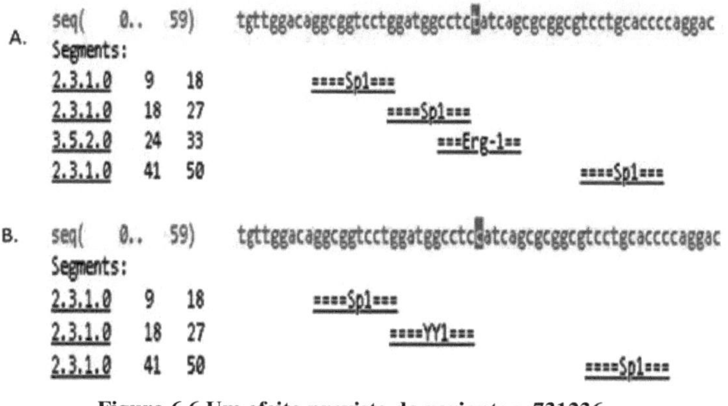

```
A.  seq(   0..  59)    tgttggacaggcggtcctggatggcctc■atcagcgcggcgtcctgcaccccaggac
    Segments:
    2.3.1.0   9   18            ====Sp1===
    2.3.1.0  18   27                  ====Sp1===
    3.5.2.0  24   33                      ===Erg-1==
    2.3.1.0  41   50                                ====Sp1===

B.  seq(   0..  59)    tgttggacaggcggtcctggatggcctc■atcagcgcggcgtcctgcaccccaggac
    Segments:
    2.3.1.0   9   18            ====Sp1===
    2.3.1.0  18   27                  ====YY1===
    2.3.1.0  41   50                                ====Sp1===
```

**Figura 6.6 Um efeito previsto da variante rs731236 no
local de ligação do fator de transcrição**

.

**Comparação entre o alelo T (A) e o alelo C (B) do rs731236 para o
local
putativo
de ligação ao fator de transcrição.**

6.2.7 Comparação dos dados de frequência de mutação do polimorfismo estudado a partir de várias bases de dados.

A frequência alélica menor dos polimorfismos do VDR foi comparada com os dados de frequência de mutação de populações de diferentes origens étnicas obtidos em diversas fontes. Observamos que o valor da frequência encontrado nos casos foi próximo ao valor descrito para a população americana de acordo com o banco de dados EXAC (dbSNP) (Tabela 6.7).

Tabela 6.7: Frequências de alelos menores dos polimorfismos VDR estudados em populações de diferentes origens étnicas, obtidas nas bases de dados HapMap, 1000Genomes, GnomAD e EXAC (dbSNP).

Polimorfismo	População	Estudo			
gene VDR		HapMap	1000 Genoma	GnomAD	EXAC
ApaI A/C (rs7975232)	Mundial	0.45	0.48	0.44	0.48
	Europeu		0.4 0.44	0.46	0.46
	Africano	0.32	0.35	0.37	0.37
	Asiático	0.66	0.41	0.72	0.52
	americano		0.5 0.55	0.49	0.6
TaqI T/C (rs731236)	Mundial	0.28	0.27	0.33	0.33
	Europeu	0.41	0.39	0.38	0.39
	Africano	0.34	0.28	0.28	0.27
	Asiático	0.09	0.36	0.05	0.24
	americano	0.26	0.25	0.3	0.19

Alelo menor para rs7975232- C; rs731236- C

6.3 Discussão

A localização mitocondrial do VDR é conhecida por regular a harmonia do metabolismo mitocondrial e o estado transcricional da célula, atuando, portanto, como um centro de conexão (Silvagno et al., 2013). Também é conhecido por modificar bastante o metabolismo mitocondrial e desempenha um papel vital na proteção das células contra a produção desproporcional de espécies reativas de oxigênio (ROS) que levam a danos celulares (Chen et al. 2019). Ricca et al., 2018 demonstraram que a remoção do recetor VDR leva a uma atividade respiratória excessiva, resultando no aumento da produção de ROS dentro das células. Além disso, ao silenciar o recetor em células saudáveis e tumorais, ele controlou não apenas a transcrição mitocondrial, mas também a transcrição nuclear das proteínas associadas à atividade respiratória e síntese de ATP (Ricca et al. 2018). É evidente que os efeitos mitocondriais do recetor desempenham um papel crítico na regulação da atividade respiratória e na proteção da célula contra danos oxidativos, o que, em última análise, preserva a integridade mitocondrial e a sobrevivência celular.

Vários estudos indicam que a vitamina D desempenha um papel funcional na fertilidade e no crescimento uterino, tendo assim uma influência direta na saúde reprodutiva das mulheres (Yoshizawa et al. 1997, Guo et al. 2020). Foi revelado que os níveis de vitamina D mudaram na endometriose (Buggio et al., 2019, Hartwell et al., 1990, Somigliana et al., 2007). O controlo transcricional da vitamina D é mediado pelo VDR através da indução ou repressão dependente de ligandos da transcrição de genes juntamente com o recetor X retinoide (RXR), o seu parceiro de ligação e muitos activadores ou repressores utilizados. O número excecionalmente grande de genes-alvo é responsável pelas funções versáteis do VDR (Ricca et al. 2018). Os níveis elevados de ARNm e proteína VDR foram observados em doentes com endometriose quando comparados com controlos saudáveis (Agic et al., 2007). Pesquisas envolvendo um camundongo knockout VDR e uma mutação VDR humana natural estabeleceram a necessidade de VDR funcional para respostas rápidas mediadas por vitamina D (Zanello et al., 2004; Nguyen et al., 2004).

A endometriose é geralmente considerada como uma doença multifatorial. Embora a sua etiologia ainda não tenha sido completamente explicada, a genética e a imunidade têm sido referidas como estando implicadas na sua patogénese (Vigano et al., 2006). O VDR serve para regular a imunidade, inibir a inflamação e promover a angiogénese (Lips et al., 2006), participando assim na patogénese da endometriose (Agic et al.2007, Guo et al. 2020, Van Etten et al. 2003). A inflamação crónica desempenha um papel importante na patogénese da endometriose. O tratamento de células estromais endometrióticas em cultura com vitamina D, resultou na redução da inflamação, invasividade celular, proliferação celular e angiogénese, controlando assim a ocorrência e o desenvolvimento da endometriose (Miyashita et al. 2016, Ingles et al., 2017, Delbandi et al. 2016). O VDR é expresso em diferentes tipos de células imunitárias, inferindo o seu envolvimento na imunoregulação. Além disso, reduz a angiogénese ao alterar a expressão do fator de crescimento endotelial vascular A (Delbandi et al. 2016).

No gene *VDR*, os polimorfismos genéticos podem levar a defeitos importantes na ativação do gene, afetar a expressão da proteína VDR e comprometer a sua atividade, levando ao desenvolvimento de patologias humanas. No presente estudo, foram analisados os polimorfismos do gene VDR localizados no intrão 8 (ApaI) / exão 9 (TaqI) do gene VDR. A distribuição genotípica e alélica do polimorfismo VDR ApaI A/C e TaqI T/C não mostrou grandes diferenças entre casos e controlos. Resultados semelhantes foram observados no estudo realizado em mulheres brasileiras (Vilarino et al., 2011, Szczepanska et al., 2015). Nossos resultados também indicam que o ApaI A e TaqI T é observado como o haplótipo altamente prevalente na população indiana estudada e nenhum outro haplótipo mostrou associação significativa com pacientes com endometriose. Embora não tenha sido observada uma associação estatisticamente significativa com as frequências genotípicas e alélicas, os nossos resultados têm potencial para uma futura utilidade clínica na identificação de indivíduos com um risco mais elevado de desenvolver endometriose.

A VDR pode reduzir significativamente a inflamação, através da regulação da atividade da IL-8, IL-6 e prostaglandina (Miyashita et al., 2016). Ao avaliar o efeito da vitamina D3 na regressão de implantes endometrióticos num modelo cirúrgico em ratos, Van Etten estabeleceu que a vitamina D diminuiu a secção transversal do quisto em 48,8% (Van Etten et al. 2003). Estudos *in vivo* em ratos mostraram que o estrogénio regula a transcrição e a expressão do VDR nos seus colonócitos e duodenócitos (Gilad et al., 2005)

A sinalização VDR reduz a inflamação, promovendo a secreção de citocinas anti-inflamatórias e a diferenciação das células T reguladoras (Bakke et al., 2018). A ativação do VDR suprime a proliferação de linfócitos, a síntese de imunoglobulinas e inibe a ação de fatores de transcrição pró-inflamatórios (Froicu et al., 2003). Além disso, tem um papel protetor contra a fibrose renal e a inflamação em doentes com doença renal crónica. O VDR altera profundamente o metabolismo mitocondrial, protegendo as células da produção desproporcional de ROS, o que resulta em danos celulares (Chen et al., 2019). Portanto, o VDR funcional contribui para a regulação imunológica e a função mitocondrial (Triantos et al., 2018). Os genes localizados em 3'-UTR são importantes na regulação da expressão gênica em diferentes níveis, incluindo exportação nuclear, eficiência de tradução, poliadenilação e degradação de mRNA (Govatati et al., 2012).

A variação rs7975232 (ApaI A/C) gera dois locais de ligação para novos factores de transcrição Sp1 e USF. O fator de transcrição Specificity protein 1 (Sp1), um fator-chave na estimulação de oncogenes essenciais para a sobrevivência, metástase e progressão do cancro (Tang et al., 2017). O fator estimulante upstream (USF) regula positivamente a expressão de genes envolvidos na proliferação celular e participa na proliferação sem restrições em várias células cancerígenas (Corre et al., 2006). A modificação rs731236 gera locais de ligação para outro fator de transcrição YY1. O Ying Yang 1 (YY1) é um fator de transcrição multifuncional do tipo dedo de zinco que pode regular a transcrição de vários genes e desempenhar um papel significativo no crescimento tumoral e nas metástases no adenocarcinoma endometrióide do endométrio (Yang et al., 2012).

As frequências alélicas menores para os SNPs avaliados foram comparadas com os dados de frequência de mutação de populações de diferentes origens étnicas, obtidos do HapMap, 1000Genomes, Genome Aggregation (GnomAD) e banco de dados EXAC (dbSNP). Observamos que as frequências alélicas menores encontradas nos casos do polimorfismo estudado foram próximas aos valores descritos para a população asiática de acordo com o 1000 Genome Database. Para o polimorfismo no gene VDR rs7975232, a frequência do alelo C é maior em asiáticos, americanos do que entre europeus e africanos, enquanto que para o rs731236, o alelo C é mais comum em europeus. Uma vez que os indianos fazem parte do grupo étnico asiático, as frequências alélicas de todos os SNP encontrados nos casos eram muito próximas das dos asiáticos representados no 1000Genomes. Para uma verificação mais aprofundada deste facto, são necessários estudos com amostras de grandes dimensões.

Tanto quanto é do nosso conhecimento, este é o primeiro estudo que explora a associação dos polimorfismos VDR ApaI A/C e TaqI T/C com o risco de endometriose na população indiana. Embora este estudo não tenha conseguido estabelecer uma correlação entre os polimorfismos do gene VDR associados ao desenvolvimento de endometriose na população indiana, uma investigação mais aprofundada com um maior número de indivíduos e a genotipagem de todo o gene VDR poderá permitir uma melhor compreensão da correlação entre os polimorfismos do gene *VDR* e a endometriose.

Resumo do trabalho

A endometriose é uma doença dependente dos estrogénios que apresenta um crescimento anormal de tecido semelhante ao endométrio fora da cavidade uterina nas mulheres em idade reprodutiva. O tecido endometrial ectópico cresce e regride em resposta a alterações nos níveis de estrogénio durante o ciclo menstrual. Foram realizados vários estudos de associação de genes candidatos para analisar a fisiopatologia da endometriose, centrando-se em genes putativos de interesse e em estudos de associação de todo o genoma (GWAS), apesar de nem a etiologia nem a patogénese da endometriose serem completamente compreendidas. A mitocôndria é essencial na regulação do stress oxidativo e da inflamação, que são factores-chave que contribuem para o desenvolvimento da endometriose, mas que não estão bem estudados. A biogénese mitocondrial deficiente e o stress oxidativo induzem uma resposta inflamatória na cavidade pélvica e têm sido implicados na patogénese da endometriose. Por conseguinte, o presente estudo foi concebido como um estudo caso-controlo de base populacional para compreender o papel das mitocôndrias na predisposição para a endometriose na população indiana.

Este estudo envolveu um total de 425 indivíduos, dos quais 200 mulheres se encontravam na fase moderada a grave da endometriose e 225 eram indivíduos saudáveis. O estadiamento da endometriose foi efectuado de acordo com o sistema de classificação revisto da American Fertility Society (rAFS). A análise molecular dos genes foi efectuada de forma aleatória e cega por Reação em Cadeia da Polimerase (PCR) seguida de digestão de restrição e análise de sequenciação.

A quantidade de mtDNA por célula é expressa em número de cópias, que varia entre 10^2 e 10^4 com base no tipo de célula e na origem do tecido. O número de cópias é um biomarcador promissor da função mitocondrial e níveis variáveis estão associados ao desenvolvimento de patologias humanas, como o cancro e várias outras doenças. As moléculas de mtDNA são empacotadas em nucleóides, compostos principalmente pelo fator de transcrição mitocondrial A (TFAM), que se liga ao mtDNA, permitindo a sua compactação, espelhando assim os níveis variáveis de mtDNA na célula. O co-ativador 1 alfa do recetor gama ativado por proliferador de peroxissoma (PGC-1a) co-ativa o Recetor de Vitamina D (VDR) e o Fator de Transcrição Mitocondrial A (TFAM) para regular a expressão de genes nucleares e mitocondriais. Em conjunto, são conhecidos por regular a replicação e a transcrição do mtDNA, regulando assim o metabolismo oxidativo celular. Vários estudos demonstraram a associação da PGC-1a com um número elevado de cópias do mtDNA e como fator de risco para o desenvolvimento de várias doenças. O VDR não só regula a atividade respiratória como também protege dos danos oxidativos, o que, em última análise, preserva a integridade mitocondrial e a sobrevivência celular. Além disso, a endometriose é uma doença dependente dos estrogénios e sabe-se que estes regulam a transcrição e a expressão do recetor da vitamina D, do PGC-1a e do TFAM.

Sendo a endometriose uma doença inflamatória e associada ao metabolismo energético, uma vez que os genes TFAM, PGC-1a e VDR estão envolvidos na manutenção da integridade e do número de cópias do ADN mitocondrial, colocámos a hipótese de um papel significativo destes genes na patogénese da endometriose e analisámos os polimorfismos dos genes TFAM, PGC-1a e VDR em relação ao número de cópias do ADN mitocondrial na fisiopatologia da endometriose.

Os objectivos da presente investigação são os seguintes:

4. Avaliar a importância do número de cópias do ADN mitocondrial na fisiopatologia da endometriose.

5. Compreender o papel dos polimorfismos dos genes envolvidos na regulação da biogénese mitocondrial (TFAM e PGC-1a) no risco de desenvolvimento de endometriose.

6. Analisar o papel do polimorfismo do gene VDR (Coactivador de PGC-1a) e a sua associação com o risco de endometriose.

Correlação do número de cópias do mtDNA com a Endometriose:

■ Cada célula tem milhares de cópias de mtDNA, e os seus níveis de transcrição são largamente determinados pelo número de cópias do mtDNA. A expressão sincronizada do mtDNA é essencial para a biogénese mitocondrial. Níveis alterados de mtDNA conduzem a um aumento do stress oxidativo e da inflamação, sugerindo um papel patogénico na disfunção mitocondrial e no desenvolvimento da endometriose.

■ As variações do número de cópias do mtDNA foram quantificadas através de qRT-PCR. Os nossos resultados revelaram uma diminuição significativa do número de cópias do mtDNA nos casos de endometriose (1,100 ± 0,479) em comparação com os controlos (1,430 ± 0,403) (P <0,05).

■ Os indivíduos estudados foram divididos em grupos altos ou baixos com base no valor médio do número de cópias do mtDNA nos controlos. Observámos que um baixo número de cópias do mtDNA estava associado a um risco acrescido de endometriose (valor de P (x^2) =0,039; odds ratio (OR) = 0,663, IC95%: 0,449 a 0,9811).

Correlação entre o polimorfismo do gene TFAM e a endometriose

■ O fator de transcrição mitocondrial A (TFAM) é uma molécula central na regulação da replicação e transcrição do ADN mitocondrial. É também importante para a manutenção da integridade e estabilidade do ADN mitocondrial, reflectindo assim os níveis variáveis de ADN mitocondrial na célula. No presente estudo, analisámos o papel do polimorfismo TFAM +35 G/C em associação com o número de cópias do mtDNA.

■ O polimorfismo TFAM +35G/C resulta na alteração de um único aminoácido de serina para treonina no 12.º códão, conduzindo a uma mutação missense. Isto pode interferir na capacidade de ligação arquitetural da TFAM ao ADN mitocondrial e, consequentemente, afetar o funcionamento mitocondrial global.

■ A distribuição dos genótipos nas doentes com endometriose foi estatisticamente significativa em relação à do grupo de controlo (P = 0,0127; OR-0,5878; IC95% -0,3862 a 0,8945). Verificou-se uma redução significativa da frequência do genótipo GG nos casos em comparação com os controlos. Por outro lado, a frequência do alelo "C" foi significativamente mais elevada nos casos do que nos controlos. A frequência do alelo também mostrou uma tendência semelhante (P=0,023; OR-0,6452; IC 95%-0,3862 a 0,8945), indicando que o alelo "G" pode ser um alelo protetor contra o desenvolvimento de endometriose

■ Além disso, estudámos o conteúdo de mtDNA em relação aos genótipos do polimorfismo TFAM +35G/C e não encontrámos diferenças significativas entre os genótipos de distribuição em doentes com endometriose.

■ O programa AliBaba2 foi utilizado para analisar o efeito das variantes TFAM no local de ligação do fator de transcrição, que criou um local adicional para o fator de transcrição Sp1, cuja função está envolvida na progressão do tumor.

■ A frequência alélica menor deste polimorfismo foi comparada com os dados de frequência de mutação de populações de diferentes origens étnicas obtidos de diversas fontes. Observamos que o valor da frequência encontrado nos casos foi próximo ao valor descrito para a população americana de acordo com o banco de dados EXAC (dbSNP).

■ Em conclusão, este estudo representa a primeira prova de que o polimorfismo TFAM +35G/C está correlacionado com o risco de desenvolvimento de endometriose na população indiana.

Correlação entre o polimorfismo do PGC-1a e a endometriose:

■ PGC-1a, um regulador mestre metabólico responsável pela coactivação dos factores transcricionais VDR e TFAM, envolvidos na biogénese adaptativa mitocondrial, na defesa contra o stress oxidativo e na inflamação. Neste estudo, os três polimorfismos do gene PGC-1a analisados foram rs8192678 (G/A), rs13131226 (T/C) e rs2970856 (T/C).

■ Os genótipos (P = 0,929) e as frequências alélicas (P = 0,974) do polimorfismo PGC-1a rs8192678 (G/A), os genótipos (P = 0,079) e as frequências alélicas (P = 0.326) do polimorfismo rs13131226 (T/C) e do polimorfismo rs2970856 (T/C), os genótipos (P = 0,17) e as frequências alélicas (P = 0,098) não apresentaram diferença estatisticamente significativa entre os casos de endometriose e os controlos. Na população estudada, o GTT foi identificado como um haplótipo prevalente do PGC-1a.

■ Além disso, este trabalho teve como objetivo analisar o conteúdo de mtDNA em relação aos polimorfismos do gene PGC-1a estudados, e não encontrou associação com os genótipos das pacientes com endometriose.

■ O impacto das variantes do PGC-1a nos locais de ligação dos factores de transcrição revelou novos locais para todas as variantes do PGC-1a, exceto para o rs1313226 (T/C). A variação rs8192678 (G/A) do PGC-1a cria um local de ligação para o fator de transcrição Upstream stimulating fator (USF), que regula positivamente a expressão de genes envolvidos na progressão do cancro.

■ Embora tenham sido criados importantes locais de ligação a factores de transcrição reguladores para os polimorfismos do PGC-1 a, não foi possível encontrar uma associação destes polimorfismos com a progressão da doença da endometriose.

■ Comparámos a frequência alélica menor dos polimorfismos do PGC-1a com dados de frequência de mutação obtidos em populações de diferentes origens étnicas. O alelo A do rs8192678 e o alelo C do rs2970856 são mais elevados nos asiáticos e, no caso do rs1313226, o alelo C é mais elevado nos africanos. Uma vez que os indianos fazem parte do grupo étnico asiático, as frequências alélicas de todos os polimorfismos encontrados nos casos estavam muito próximas das dos asiáticos representados no 1000 Genomes, exceto no caso do rs8192678, que se verificou estar próximo dos europeus.

Correlação dos polimorfismos do gene VDR com a Endometriose:

■ O recetor da vitamina D é um membro da família dos receptores nucleares que regula a transcrição dos genes. Desempenha um papel crucial na inibição da inflamação, podendo assim participar no desenvolvimento da endometriose. O VDR altera profundamente a biogénese mitocondrial e protege as células da produção desproporcionada de ROS e do stress oxidativo. No presente estudo, investigámos os polimorfismos ApaI e TaqI do gene VDR em associação com o número de cópias do mtDNA.

■ Não existe uma diferença estatisticamente significativa nas frequências genotípicas (P = 0,98708) e alélicas (P = 0,88754) do polimorfismo ApaI A/C e nas frequências genotípicas (P = 0,67233) e alélicas (P = 0,45026) do polimorfismo Taq T/C, entre casos de endometriose e controlos. Em conjunto, estes dados indicam que os polimorfismos VDR ApaI A/C e Taq T/C não contribuem para o risco de endometriose na população indiana.

■ Utilizando o software Haploview, foi analisado o LD entre doentes e controlos, tendo sido observado um padrão diferente de LD. Além disso, os nossos resultados indicam que ApaI A e TaqI T são os haplótipos mais comuns entre as mulheres indianas, e nenhum outro haplótipo apresentou uma relação estatisticamente significativa com a endometriose.

■ Além disso, analisámos a associação do conteúdo de mtDNA com diferentes genótipos do polimorfismo VDR e não se observou qualquer diferença significativa nas doentes com endometriose.

■ O efeito das variantes do VDR na ligação dos factores de transcrição foi previsto de acordo com o programa AliBaba2, que gerou novos locais de ligação para os factores de transcrição. A variação rs7975232 criou dois novos locais de ligação para a proteína 1 de especificidade do fator de transcrição (Sp1) e o fator estimulante a montante (USF). O Sp1 e o USF desempenham um papel crucial na progressão de vários cancros.

■ A variação rs731236 cria um local de ligação para o Ying Yang 1 (YY1), que é um fator de transcrição multifuncional do tipo dedo de zinco, que regula a transcrição de vários genes de crescimento tumoral e metástases no adenocarcinoma do endométrio.

■ Embora estes polimorfismos tenham gerado vários locais importantes de ligação a factores de transcrição com impacto na progressão da doença, não foi observada uma associação significativa do polimorfismo VDR com a endometriose na população indiana. O impacto dos polimorfismos no desenvolvimento da doença requer mais estudos com amostras de maior dimensão e de diferentes origens étnicas.

■ Ao compararmos as frequências alélicas menores (MAF) com os dados de frequência de mutação de populações de diferentes origens étnicas, observamos que as MAF encontradas nos casos do polimorfismo estudado estavam próximas dos valores descritos para a população asiática de acordo com o 1000 Genome Database. Para o polimorfismo no gene VDR rs7975232, a frequência do alelo C é maior em asiáticos, americanos do que entre europeus e africanos, enquanto que para o rs731236, o alelo C é mais comum em europeus.

Conclusão

No presente estudo, verificámos uma diminuição do número de cópias do ADN mitocondrial em casos de endometriose. A TFAM controla a transcrição e a replicação do ADNmt ligando-se a ambos os promotores (vertente pesada e vertente leve), regulando assim o número de cópias mitocondriais. O TFAM é também o principal desencadeador da inflamação nos tecidos e a sua expressão é regulada pelo estrogénio. Embora não tenhamos conseguido estabelecer uma associação significativa dos polimorfismos dos genes PGC-1 a e VDR com a endometriose, foi observada uma associação significativa do polimorfismo TFAM +35 G/C com a endometriose, indicando o seu papel fundamental no desenvolvimento da doença. No entanto, é de salientar que a PGC-1 a é a molécula de sinalização a montante do TFAM e o coactivador do VDR, que por sua vez influencia o número de cópias do mtDNA.

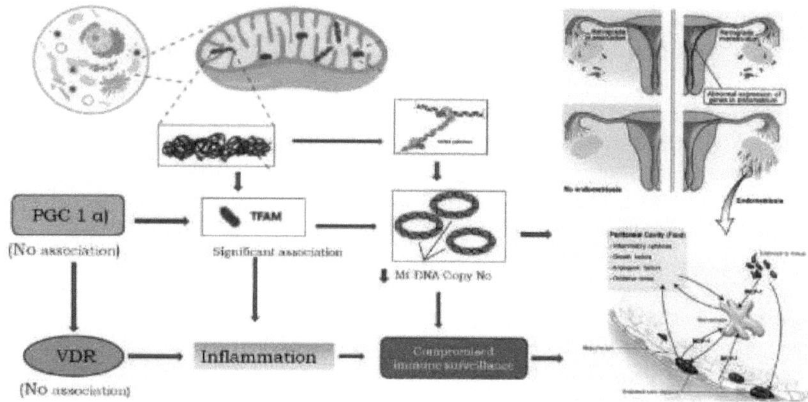

Hipótese: O papel dos genes reguladores da biogénese mitocondrial (TFAM, **PGC-1a**, VDR) na

endometriose.

Direcções futuras

• Validação do significado funcional das variantes analisadas nos genes PGC-1 a, VDR e TFAM.

• Estudos sobre outros polimorfismos e análise de haplótipos.

• Estudos com amostras de maior dimensão

• Estudos em diferentes populações

Uma investigação mais aprofundada, tendo em conta os pontos acima mencionados, estabelecerá uma correlação mais profunda com a patogénese da doença da endometriose.

Bibliografia

1. Adamson GD, Pasta Endometriosis fertility index: the new, validated endometriosis staging system. DJ.Fertil Steril. 2010 Oct;94(5):1609-15. doi: 10.1016/j.fertnstert.2009.09.035.

2. Agic A, Xu H, Altgassen C, Noack F, Wolfler MM, Diedrich K, Friedrich M, Taylor RN, Hornung D. Relative expression of 1,25-dihydroxyvitamin D3 recetor, vitamin D 1 alpha-hydroxylase, vitamin D 24-hydroxylase, and vitamin D 25-hydroxylase in endometriosis and gynecologic cancers. Reprod Sci. 2007 Jul;14(5):486-97. doi: 10.1177/1933719107304565.

3. Arany Z, Foo SY, Ma Y, Ruas JL, Bommi-Reddy A, Girnun G, Cooper M, Laznik D, Chinsomboon J, Rangwala SM, Baek KH, Rosenzweig A, Spiegelman BM. Regulação independente do HIF do VEGF e da angiogénese pelo coactivador transcricional PGC-1alpha. Nature. 2008 Feb 21;451(7181):1008-12. doi: 10.1038/nature06613.

4. Atkins HM, Bharadwaj MS, O'Brien Cox A, Furdui CM, Appt SE, Caudell DL. Endometrium and endometriosis tissue mitochondrial energy metabolism in a nonhuman primate model. Reprod Biol Endocrinol. 2019 Aug 24;17(1):70. doi: 10.1186/S12958-019-0513-8.

5. Attia GR, Zeitoun K, Edwards D, Johns A, Carr BR, Bulun SE. Progesterone recetor isoform A but not B isoform is expressed in endometriosis. J Clin Endocrinol Metab. 2000 Aug;85(8):2897-902. doi: 10.1210/jcem.85.8.6739.

6. Augoulea A, Mastorakos G, Lambrinoudaki I, Christodoulakos G, Creatsas G. The role of the oxidative-stress in the endometriosis-related infertility. Gynecol Endocrinol. 2009 Feb;25(2):75-81. doi: 10.1080/09513590802485012.

7. Bakke D, Sun J Ancient Nuclear Recetor VDR With New Functions: Microbioma e Inflamação. Inflamm Bowel Dis. 2018 May 18;24(6):1149-1154. doi: 10.1093/ibd/izy092.

8. Beadnell TC, Scheid AD, Vivian CJ, Welch DR. Papéis da genética mitocondrial na metástase do câncer: não deve mais ser ignorado. Cancer Metastasis Rev. 2018 Dez; 37 (4): 615-632. doi: 10.1007 / s10555-018-9772-7.

9. Bost F, Kaminski L. O modulador metabólico PGC-1 alfa no câncer. Am J Cancer Res. 2019 Feb 1;9(2):198-211. eCollection 2019.

10. Brown EL, Foletta VC, Wright CR, Sepulveda PV, Konstantopoulos N, Sanigorski A, Della Gatta P, Cameron-Smith D, Kralli A, Russell AP. PGC-1a e PGC-ip aumentam a síntese de proteínas via ERRa em miotubos C2C12. Front Physiol. 2018 setembro 25; 9: 1336. doi: 10.3389 / fphys.2018.01336. eCollection 2018.

11. Buggio L, Somigliana E, Pizzi MN, Dridi D, Roncella E, Vercellini P. 25-Hydroxyvitamin D Serum Levels and Endometriosis: Resultados de um estudo de caso-controlo. Reprod Sci. 2019 Feb;26(2):172-177. doi: 10.1177/1933719118766259. Epub 2018 Mar 27.PMID: 29587615

12. Bukulmez O, Hardy DB, Carr BR, Word RA, Mendelson CR. Inflammatory status influences aromatase and steroid recetor expression in endometriosis. Endocrinology.2008 Mar;149 (3):1190-204. doi: 10.1210/en.2007-0665. Epub 2007 Nov 29.

13. Bulletti C, Coccia ME, Battistoni S, Borini A.J Assist Reprod Genet. Endometriosis and infertility. 2010 Aug;27(8):441-7. doi: 10.1007/sl0815-010-9436-l. Epub 2010 Jun 25.

14. Bulun SE. Endometriose. N Engl J Med. 2009 Jan 15;360(3):268-79. doi: 10.1056/NEJMra0804690.

15. Burney RO, Giudice LC. Patogénese e fisiopatologia da endometriose.Fertil Steril. 2012

Sep;98(3):511-9. doi: 10.1016/j.fertnstert.2012.06.029. Epub 2012 Jul 20.

C

16. Chandel NS, Schumacker PT. Células depletadas de ADN mitocondrial (rho0) permitem uma visão dos mecanismos fisiológicos. FEBS Lett. 1999 Jul 9;454(3):173-6. doi: 10.1016/s0014-5793(99)00783-8.

17. Chandrasekaran K, Anjaneyulu M, Inoue T, Choi J, Sagi AR, Chen C, Ide T, Russell JW. Mitochondrial transcription fator A regulation of mitochondrial degeneration in experimental diabetic neuropathy. Am J Physiol Endocrinol Metab. 2015 Jul 15;309(2):E132-41. doi: 10.1152/ajpendo.00620.2014. Epub 2015 maio 5.

18. Chaung WW, Wu R, Ji Y, Dong W, Wang P. O fator de transcrição mitocondrial A é um mediador pró-inflamatório no choque hemorrágico. Int J Mol Med. 2012 Jul;30(1):199-203. doi: 10.3892/ijmm.2012.959. Epub 2012 Abr 2.

19. Chen C, Luo Y, Su Y, Teng L. The vitamin D recetor (VDR) protects pancreatic beta cells against Forkhead box class O1 (FOXO1) -induced mitochondrial dysfunction and cell apoptosis. Biomed Pharmacother. 2019 Sep; 117: 109170. doi: 10.1016 / j.biopha.2019.109170. Epub 2019 Jun 29.PMID: 31261027.

20. Chen C, Luo Y, Su Y, Teng L. The vitamin D recetor (VDR) protects pancreatic beta cells against Forkhead box class O1 (FOXO1) -induced mitochondrial dysfunction and cell apoptosis. Biomed Pharmacother. 2019 Sep; 117: 109170. doi: 10.1016 / j.biopha.2019.109170. Epub 2019 Jun 29.PMID: 31261027

21. Chen C, Zhou Y, Hu   C, Wang Y, Yan Z,   Li Z, Wu R. Mitocôndrias e stress oxidativo na endometriose ovárica. Free Radic Biol Med. 2019 May 20;136:22-34. doi: 10.1016/j.freeradbiomed. 2019.03.027. Epub 2019 Mar 27.PMID: 30926565.

22. Chen X, Prosser R, Simonetti S, Sadlock J, Jagiello G, Schon EA. Rearranged mitochondrial genomes are present in human oocytes. Am J Hum Genet. 1995 Aug;57(2):239-47.

23. Cheng CF, Ku HC, Lin H.   PGC-1aas   Pivotal Fator na regulação lipídica e metabólica. Int J Mol Sci. 2018 Nov 2; 19(11):3447. doi: 10.3390/ijms19113447.

24. Choi J, Chandrasekaran K, Inoue T, Muragundla A, Russell JW. Regulação da PGC-1a da degeneração mitocondrial na neuropatia diabética experimental. Neurobiol Dis. 2014 Abr; 64: 118-30. doi: 10.1016 / j.nbd.2014.01.001. Epub 2014 Jan 11.

25. Christakos S, Dhawan P, Verstuyf A, Verlinden L, Carmeliet G. Vitamin D: Metabolism, Molecular Mechanism of Action, and Pleiotropic Effects. Physiol Rev. 2016Jan;96(1):365-408. doi: 10.1152/physrev.00014.2015.

26. Cormio A, Guerra F, Cormio G, Pesce V, Fracasso F, Loizzi V, Resta L, Putignano G, Cantatore P, Selvaggi LE, Gadaleta MN. Mitochondrial DNA content and mass increase in progression from normal to hyperplastic to cancer endometrium. BMC Res Notes. 2012 Jun 7;5:279. doi: 10.1186/1756-0500-5-279.

27. Cormio A, Guerra F, Cormio G, Pesce V, Fracasso F, Loizzi V, Cantatore P, Selvaggi L, Gadaleta MN. A via da biogénese mitocondrial dependente de PGC-1alfa é regulada positivamente no cancro do endométrio de tipo I. Biochem Biophys Res Commun. 2009 Dec 25;390(4):1182-5. doi: 10.1016/j.bbrc.2009.10.114. Epub 2009 Oct 25.

28. Corre S, Galibert MD. [USF como elemento regulador chave da expressão génica].Med Sci (Paris). 2006Jan;22(1):62-7. doi: 10.1051/medsci/200622162.

29. Critchley HOD, Maybin JA, Armstrong GM, Williams ARW. Fisiologia do Endométrio e Regulação da Menstruação. Physiol Rev. 2020 Jul l;100(3):1149-1179. doi: 10.1152/physrev.00031.2019. Epub 2020 Fev 7.

D

30. Dutta M, Joshi M, Srivastava S, Lodh I, Chakravarty B, Chaudhury K. A metabonomics approach as a means for identification of potential biomarkers for early diagnosis of endometriosis. Mol Biosyst. 2012 Oct 30;8(12):3281-7. doi: 10.1039/c2mb25353d.

31. D'Erchia AM, Atlante A, Gadaleta G, Pavesi G, Chiara M, De Virgilio C, Manzari C, Mastropasqua F, Prazzoli GM, Picardi E, Gissi C, Horner D, Reyes A, Sbisa E, Tullo A, Pesole G. Tissue-specific mtDNA abundance from exome data and its correlation with mitochondrial transcription, mass and respiratory activity. Mitochondrion. 2015 Jan; 20: 13-21. doi: 10.1016 / j.mito.2014.10.005. Epub 2014 Nov 1.

32. Dickinson A, Yeung KY, Donoghue J, Baker MJ, Kelly RD, McKenzie M, Johns TG, St John JC. A regulação do número de cópias do ADN mitocondrial em células de glioblastoma. Diferença de morte celular. 2013 Dec;20(12):1644-53. doi: 10.1038/cdd.2013.115. Epub 2013 Aug 30.

33. Darai E, Bazot M, Ballester M, Belghiti J. Endometriosis. Rev Prat. 2014 Apr;64(4):545-50.

34. Dzik KP, Kaczor JJ. Mecanismos da vitamina D na função muscular esquelética: stress oxidativo, metabolismo energético e estado anabólico. Eur J Appl Physiol. 2019 Abr;119(4):825-839. doi: 10.1007/s00421-019-04104-x. Epub 2019 Mar4.

35. Delbandi AA, Mahmoudi M, Shervin A, Zarnani AH. 1,25-Dihydroxy Vitamin D3 Modulates Endometriosis-Related Features of Human Endometriotic Stromal Cells. Am J Reprod Immunol. 2016 Apr;75(4):461-73. doi: 10.1111/aji. 12463. Epub 2015 Dec 22.PMID: 26691009

36. Ekstrand MI, Falkenberg M, Rantanen A, Park CB, Gaspari M, Hultenby K, Rustin P, Gustafsson CM, Larsson NG.Mitochondrial transcription fator A regulates mtDNA copy number in mammals. Hum Mol Genet. 2004 May 1;13(9):935-44. Epub 2004 Mar 11.

37. El-Hattab AW, Scaglia F. Síndromes de depleção do ADN mitocondrial: revisão e actualizações da base genética, manifestações e opções terapêuticas. Neurotherapeutics. 2013 Apr;10(2):186-98. doi: 10.1007/sl3311-013-0177-6.

F

38. Filograna R, Mennuni M, Alsina D, Larsson NG. Número de cópias do DNA mitocondrial na doença humana: quanto mais, melhor? FEBS Lett. 2021 Abr; 595 (8): 976-1002. doi: 10.1002 / 1873-3468.14021. Epub 2020 Dez 25.

39. Froicu M, Weaver V, Wynn TA, McDowell MA, Welsh JE, Cantorna MT. A crucial role for the vitamin D recetor in experimental inflammatory bowel diseases. Mol Endocrinol. 2003 Dec;17(12):2386-92. doi: 10.1210/me.2003-0281. Epub 2003 Sep 18.

40. Falconer H, D'Hooghe T, Fried G. Endometriosis and genetic polymorphisms (Endometriose e polimorfismos genéticos). Obstet Gynecol Surv. 2007 Sep;62(9):616-28. doi: 10.1097/01.ogx.0000279293.60436.60.

41. Fernandez-Marcos PJ, Auwerx J. Regulação do PGC-1 alfa, um regulador nodal da biogénese mitocondrial. Am J Clin Nutr. 2011 Abr;93(4):884S-90. doi: 10.3945/ajcn.ll0.001917. Epub 2011 Feb 2.

G

42. Garcia I, Jones E, Ramos M, Innis-Whitehouse W, Gilkerson R. The little big genome:

the organization of mitochondrial DNA. Front Biosci (Landmark Ed). 2017 Jan 1;22:710-721. doi: 10.2741/4511.

43. Gargett CE, Schwab KE, Brosens JJ, Puttemans P, Benagiano G, Brosens I.Mol Hum Reprod. 2014 Jul;20(7):591-8. doi: 10.1093/molehr/gau025 <u>Potencial papel das células estaminais/progenitoras endometriais na patogénese da endometriose de início precoce</u>. Epub 2014 Mar 27.

44. Garland CF, Garland FC, Gorham ED, Lipkin M, Newmark H, Mohr SB, Holick MF. The role of vitamin D in cancer prevention. Am J Public Health. 2006 Feb;96(2):252-61. doi: 10.2105/AJPH.2004.045260. Epub 2005 Dec 27.

45. Giampaolino P, Della Corte L, Foreste V, Barra F, Ferrero S, Bifulco G. Dioxin and endometriosis: a new possible relation based on epigenetic theory. Gynecol Endocrinol. 2020 Abr; 36 (4): 279-284. doi: 10.1080 / 09513590.2019.1698024. Epub 2019 Dec 5.

46. Gianotti TF, Sookoian S, Dieuzeide G, Garcia SI, Gemma C, Gonzalez CD, Pirola CJ.A diminuição do conteúdo de ADN mitocondrial está relacionada com a resistência à insulina em adolescentes. Obesity (Silver Spring). 2008 Jul; 16(7): 1591-5. doi: 10.1038/oby.2008.253. Epub 2008 Apr 24.

47. Gilad LA, Bresler T, Gnainsky J, Smirnoff P, Schwartz B. Regulação da expressão do recetor de vitamina D através da ativação induzida por estrogénio da via de sinalização ERK 1/2 em células de cancro do cólon e da mama._J Endocrinol. 2005 Jun;185(3):577-92. doi: 10.1677/joe.1.05770.

48. Gonzalez-Ramos R, Van Langendonckt A, Defrere S, Lousse JC, Colette S, Devoto L, Donnez J. Envolvimento da via do fator nuclear-κB na patogénese da endometriose. Fertil Steril. 2010Nov   ;94(6):1985-94. doi:
10.1016/j.fertnstert.2010.01.013. Epub 2010 Feb 26.

49. Govatati S, Tipirisetti NR, Perugu S, Kodati VL, Deenadayal M, Satti V, Bhanoori M, Shivaji S. Mitochondrial genome variations in advanced stage endometriosis: a study in South Indian population.   PLoS One. 2012;7(7):e40668. doi:
10.1371/journal.pone.0040668. Epub 2012 Jul 17.

50. Govatati S, Deenadayal M, Shivaji S, Bhanoori M. Mitochondrial NADH:ubiquinone oxidoreductase alterations are associated with endometriosis. Mitochondrion. 2013 Nov; 13 (6): 782-90. doi: 10.1016 / j.mito.2013.05.003. Epub 2013 maio 16.

51. Govatati S, Tipirisetti NR, Perugu S, Kodati VL, Deenadayal M, Satti V, Bhanoori M, Shivaji S. Mitochondrial genome variations in advanced stage endometriosis: a study in South Indian population. PLoS One. 2012;7(7):e40668. doi: 10.1371/journal.pone.0040668. Epub 2012 Jul 17.

52. Gunther C, von Hadeln K, Muller-Thomsen T, Alberici A, Binetti G, Hock C, Nitsch RM, Stoppe G, Reiss J, Gal A, Finckh U. Possible association of mitochondrial transcription fator A (TFAM) genotype with sporadic Alzheimer disease. Neurosci Lett. 2004 Oct 21;369(3):219-23.

53. Guo J, Liu S, Wang P, Ren H, Li Y. Caracterização da expressão de VDR e CYP27B1 no endométrio durante o ciclo menstrual antes da transferência do embrião: implicações para a recetividade endometrial. 2020 Mar 17;18(1):24. doi: 10.1186/s12958-020-00579-y.

54. Guo J, <u>Zheng L,</u> Liu W, <u>Wang X,</u> Wang Z, Wang Z, French AJ, Kang D, Chen L, Thibodeau SN, Liu W. A mutação truncante frequente do TFAM induz a depleção do ADN mitocondrial e a resistência apoptótica no cancro colorrectal instável por microssatélites. Cancer Res. 2011 Apr 15;71(8):2978-87. doi: 10.1158/0008- 5472.CAN-10-3482. Epub 2011

Apr 5.

55. Gupta S, Goldberg JM, Aziz N, Goldberg E, Krajcir N, Agarwal A. Pathogenic mechanisms in endometriosis-associated infertility. Fertil Steril. 2008 Aug;90(2):247- 57. doi: 10.1016/j.fertnstert.2008.02.093.

56. Gustafsson CM, Falkenberg M, Larsson NG. Maintenance and Expression of Mammalian Mitochondrial DNA (Manutenção e Expressão do DNA Mitocondrial de Mamíferos). Annu Rev Biochem. 2016 Jun 2;85:133-60. doi: 10.1146/annurev-biochem-060815-014402. Epub 2016 Mar 24.

57. Hartwell D, R0dbro P, Jensen SB, Thomsen K, Christiansen C. Metabolitos da vitamina D - relação com a idade, a menopausa e a endometriose. Scand J Clin Lab Invest. 1990 Apr;50(2):115-21. doi: 10.3109/00365519009089142.PMID: 2339276

58. Haussler MR, Norman AW. Recetor cromossómico para um metabolito da vitamina D. Proc Natl Acad Sci U S A. 1969Jan ;62(1):155-62. doi: 10.1073/pnas.62.1.155.PMID: 5253652

59. Hoffman MD, Fogard K. Factores relacionados com a conclusão bem sucedida de uma ultramaratona de 161 km. Int J Sports Physiol Perform. 2011 Mar;6(l):25-37. doi: 10.1123/ijspp.6.1.25.

60. Hormonas (Atenas). 2020 Jun;19(2):109-121. doi: 10.1007/s42000-019-00166-w. Epub 2019 Dec 21.PMID: 31863346

61. Huss JM, Garbacz WG, Xie W. Actividades constitutivas dos receptores relacionados com os estrogénios: Transcriptional regulation of metabolism by the ERR pathways in health and disease (Regulação transcricional do metabolismo pelas vias do ERR na saúde e na doença). Biochim Biophys Ata. 2015 Sep;1852(9):1912-27. doi: 10.1016/j.bbadis.2015.06.016. Epub 2015 Jun 24.

I

62. Ikeda M, Ide T, Fujino T, Arai S, Saku K, Kakino T, Tyynismaa H, Yamasaki T, Yamada K, Kang D, Suomalainen A, Sunagawa K. A sobreexpressão de TFAM ou twinkle aumenta o número de cópias do mtDNA e facilita a cardioprotecção associada a um stress oxidativo mitocondrial limitado. PLoS One. 2015 Mar 30;10(3):e0119687. doi: 10.1371/journal.pone.0119687. eCollection 2015.

63. Iwabe T, Harada T, Terakawa N. Role of cytokines in endometriosis-associated infertility. Gynecol Obstet Invest. 2002;53 Suppl 1:19-25. doi: 10.1159/000049420.

64. Ingles SA, Wu L, Liu BT, Chen Y, Wang CY, Templeman C, Brueggmann D. Expressão gênica diferencial por 1,25 (OH) 2D3 em uma linha celular estromal de endometriose. J Steroid Biochem Mol Biol. 2017 Out; 173: 223-227. doi: 10.1016 / j.jsbmb.2017.01.011. Epub 2017 Jan 28.PMID: 28131909

K

65. Kalaitzopoulos DR, Lempesis IG, Athanasaki F, Schizas D, Samartzis EP, Kolibianakis EM, Goulis DG. Associação entre vitamina D e endometriose: uma revisão sistemática. Hormonas (Atenas). 2020Jun ;19(2):109-121. doi: 10.1007/s42000-019-00166-w. Epub 2019 Dec 21.PMID: 31863346

66. Kang I, Chu CT, Kaufman BA. O fator de transcrição mitocondrial TFAM na neurodegeneração: evidências e mecanismos emergentes. FEBS Lett. 2018 Mar;592(5):793-811. doi: 10.1002/1873-3468.12989. Epub 2018 Feb 15.

67. Kanki T, Ohgaki K, Gaspari M, Gustafsson CM, Fukuoh A, Sasaki N, Hamasaki N, Kang D. Architectural role of mitochondrial transcription fator A in maintenance of human

mitochondrial DNA. Mol Cell Biol. 2004 Nov;24(22):9823-34.

68. Kataoka H, Mori T, Okimura H, Matsushima H, Ito F, Koshiba A, Tanaka Y, Akiyama K, Maeda E, Sugahara T, Tarumi Y, Kusuki I, Khan KN, Kitawaki J. Peroxisome proliferator-activated recetor-y coactivator 1a-mediated pathway as a possible therapeutic target in endometriosis. Hum Reprod. 2019 Jun 4;34(6):1019- 1029. doi: 10.1093/humrep/dez067.

69. Kelly DP, Scarpulla RC. Circuitos reguladores transcricionais que controlam a biogénese e a função mitocondrial. Genes Dev. 2004 Feb 15;18(4):357-68. doi: 10.1101/gad.ll77604.

70. Kim HS, Kim TH, Chung HH, Song YS.Br J Cancer. Risco e prognóstico do cancro do ovário em mulheres com endometriose: uma meta-análise. 2014 Abr 2;110(7):1878-90. doi: 10.1038/bjc.2014.29. Epub 2014 Feb 11.

71. Kim Y, Vadodaria KC, Lenkei Z, Kato T, Gage FH, Marchetto MC, Santos R. Mitochondria, Metabolism, and Redox Mechanisms in Psychiatric Disorders. Sinal Redox Antioxidante. 2019 agosto 1; 31 (4): 275-317. doi: 10.1089 / ars.2018.7606. Epub 2019 Feb 1.

72. Kunadian V, Ford GA, Bawamia B, Qiu W, Manson JE. Deficiência de vitamina D e doença arterial coronariana: uma revisão das evidências. Am Heart J. 2014 Mar;167(3):283-91. doi: 10.1016/j.ahj.2013.11.012. Epub 2013 Dec 19.PMID: 24576510

73. Kurita T, Izumi H, Kagami S, Kawagoe T, Toki N, Matsuura Y, Hachisuga T, Kohno K. O fator de transcrição mitocondrial A regula a expressão do gene BCL2L1 e é um fator de prognóstico no cancro do ovário seroso. Cancer Sci. 2012 Feb;103(2):239-444. doi: 10.1111/j.1349-7006.2011.02156.x. Epub 2011 Dec 23.

74. Kvaskoff M, Mu F, Terry KL, Harris HR, Poole EM, Farland L, Missmer SA. Endometriose: uma população de alto risco para as principais doenças crónicas? Hum Reprod Update. 2015 Jul-Ago;21(4):500-16. doi: 10.1093/humupd/dmv013. Epub 2015 Mar 11.

L

75. La Marra F, Stinco G, Buligan C, Chiriaco G, Serraino D, Di Loreto C, Cauci S. Immunohistochemical evaluation of vitamin D recetor (VDR) expression in cutaneous melanoma tissues and four VDR gene polymorphisms. Cancer Biol Med. 2017 May;14(2):162-175. doi: 10.20892/j.issn.2095-3941.2017.0020.PMID: 28607807

76. Larkin MA, Blackshields G, Brown NP, Chenna R, McGettigan PA, McWilliam H, Valentin F, Wallace IM, Wilm A, Lopez R, Thompson JD, Gibson TJ, Higgins DG. Clustal W e Clustal X versão 2.0. Bioinformatics. 2007 Nov 1;23(21):2947-8. doi: 10.1093/bioinformatics/btm404. Epub 2007 Sep 10.

77. Lee SR, Han J. Mitochondrial Nucleoid: Escudo e Interruptor do Genoma Mitocondrial. Oxid Med Cell Longev. 2017;2017:8060949. doi: 10.1155/2017/8060949. Epub 2017 Jun 7.

78. Lee SY, Koo YJ, Lee DH.Yeungnam Univ J Med. Classificação da endometriose. 2021 Jan; 38 (l): 10-18. doi: 10.12701 / yujm.2020.00444. Epub 2020 Aug 7.

79. Li J, Chen Y, Wei S, Wu H, Liu C, Huang Q, Li L, Hu Y. Polimorfismos dos genes do fator de necrose tumoral e da interleucina-6 e risco de endometriose em asiáticos: uma revisão sistemática e meta-análise.   Ann Hum Genet. 2014 Mar;78(2):104-16. doi: 10.1111/ahg.l2048. Epub 2013 Dec 6.

80. Li Y, Adur MK, Kannan A, Davila J, Zhao Y, Nowak RA, Bagchi MK, Bagchi IC, Li Q. Progesterone Alleviates Endometriosis via Inhibition of Uterine Cell Proliferation, Inflammation and Angiogenesis in an Immunocompetent Mouse Model. PLoS One. 2016 Oct 24;ll(10):e0165347. doi: 10.1371/journal.pone.0165347. eCollection 2016.

81. Lin AM, Chen KB, Chao PL. Efeito anti-oxidativo da vitamina D3 no stress oxidativo

induzido pelo zinco no SNC. Ann N Y Acad Sci. 2005 Aug;1053:319-29. doi: 10.1196/annals.1344.028.PMID: 16179538

82. Lin YH, Chen YH, Chang HY, Au HK, Tzeng CR, Huang YH. Inflamação crónica do nicho na infertilidade associada à endometriose: Compreensão atual e estratégias terapêuticas futuras. Int J Mol Sci. 2018 13 de agosto; 19 (8): 2385. doi: 10.3390 / ijms19082385.

83. Little JP, Simtchouk S, Schindler SM, Villanueva EB, Gill NE, Walker DG, Wolthers KR, Klegeris A. O fator de transcrição mitocondrial A (Tfam) é uma molécula de sinalização extracelular pró-inflamatória reconhecida pela microglia cerebral. Mol Cell Neurosci. 2014 maio; 60: 88-96. doi: 10.1016 / j.mcn.2014.04.003. Epub 2014 Abr 23.

84. Littlejohns TJ, Henley WE, Lang IA, Annweiler C, Beauchet O, Chaves PH, Fried L, Kestenbaum BR, Kuller LH, Langa KM, Lopez OL, Kos K, Soni M, Llewellyn DJ. Vitamin D and the risk of dementia and Alzheimer disease. Neurology. 2014 Sep 2;83(10):920-8. doi: 10.1212/WNL.0000000000000755. Epub 2014 Aug 6.PMID: 25098535

M

85. Machairiotis N, Vasilakaki S, Thomakos N. Inflammatory Mediators and Pain in Endometriosis (Mediadores Inflamatórios e Dor na Endometriose): A Systematic Review. Biomedicinas. 2021 Jan 8;9(1):54. doi: 10.3390/ biomedicines9010054.

86. Malik AN, Czajka A. Is mitochondrial DNA content a potential biomarker of mitochondrial dysfunction? Mitochondrion. 2013Sep   ;13(5):481-92. doi: 10.1016/j.mito.2012.10.011. Epub 2012 Oct 22.

87. Mattingly KA, Ivanova MM, Riggs KA, Wickramasinghe NS, Barch MJ, Klinge CM. O estradiol estimula a transcrição do fator respiratório nuclear-1 e aumenta a biogénese mitocondrial. Mol Endocrinol. 2008 Mar;22(3):609-22. doi: 10.1210/me.2007-0029. Epub 2007 Nov 29.

88. Mechsner S, Weichbrodt M, Riedlinger WF, Bartley J, Kaufmann AM, Schneider A, Kohler C.Hum Reprod. Lesões endometrióticas positivas para receptores de estrogénio e progestagénio e células disseminadas em gânglios linfáticos sentinela pélvicos de pacientes com endometriose retovaginal infiltrativa profunda: um estudo piloto. 2008 Oct;23(10):2202-9. doi: 10.1093/humrep/den259. Epub 2008 Jul 16.

89. Miller SA, Dykes DD, Polesky HF. Um procedimento simples de salga para a extração de ADN de células nucleadas humanas. Nucleic Acids Res. 1988 Feb 11;16(3):1215. doi: 10.1093/nar/16.3.1215.

90. Mishmar D, Levin R, Naeem MM, Sondheimer N. Organização de ordem superior do mtDNA: além do fator de transcrição mitocondrial A. Front Genet. 20 de dezembro de 2019; 10: 1285. doi: 10.3389 / fgene.2019.01285. eCollection 2019.

91. Miyashita M, Koga K, Izumi G, Sue F, Makabe T, Taguchi A, Nagai M, Urata Y, Takamura M, Harada M, Hirata T, Hirota Y, Wada-Hiraike O, Fujii T, Osuga Y. Effects of 1,25-Dihydroxy Vitamin D3 on Endometriosis. J Clin Endocrinol Metab. 2016 Jun; 101 (6): 2371-9. doi: 10.1210 / jc.2016-1515. Epub 2016 Apr 1.PMID: 27035829

92. Monsalve M, Wu Z, Adelmant G, Puigserver P, Fan M, Spiegelman BM. Acoplamento direto da transcrição e do processamento do ARNm através do coactivador termogénico PGC-1. Mol Cell. 2000 Aug;6(2):307-16. doi: 10.1016/sl097-2765(00)00031-9.

93. Mëar L, Herr M, Fauconnier A, Pineau C, Vialard F. Polimorfismos e endometriose: uma revisão sistemática e meta-análises. Hum Reprod Update. 2020 Jan 1;26(1):73-102. doi: 10.1093/humupd/dmz034.

N

94. Nguyen TM, Lieberherr M, Fritsch J, Guillozo H, Alvarez ML, Fitouri Z, Jehan F, Garabëdian M. Os efeitos rápidos da 1,25-dihidroxivitamina D3 requerem o recetor de vitamina D e influenciam a atividade da 24-hidroxilase: estudos em fibroblastos de pele humana com mutações no recetor de vitamina D.J Biol Chem. 2004 Feb 27;279(9):7591-7. doi: 10.1074/jbc.M309517200. Epub 2003 Dec 9.PMID: 14665637

95. Nnoaham KE, Hummelshoj L, Webster P, d'Hooghe T, de Cicco Nardone F, de Cicco Nardone C, Jenkinson C, Kennedy SH, Zondervan KT. Impact of endometriosis on quality of life and work productivity: a multicenter study across ten countries. Consórcio da World Endometriosis Research Foundation Global Study of Women's Health. Fertil Steril. 2011Aug ;96(2):366-373.e8. doi: 10.1016/j.fertnstert.2011.05.090. Epub 2011 Jun 30.

P

96. Palacin M, Alvarez V, Martin M, Diaz M, Corao AI, Alonso B, Diaz-Molina B, Lozano I, Avanzas P, Moris C, Reguero JR, Rodriguez I, Lopez-Larrea C, Cannata-Andia J, Batalla A, Ruiz-Ortega M, Martinez-Camblor P, Coto E. Variação do ADN mitocondrial e do gene TFAM no enfarte do miocárdio de início precoce: evidência de uma associação ao haplogrupo H. Mitochondrion. 2011 Jan;11(1):176-81. doi: 10.1016/j.mito.2010.09.004. Epub 2010 Sep 21.

97. Parasar P, Ozcan P, Terry KL. Endometriosis: Epidemiologia, Diagnóstico e Gestão Clínica. Curr Obstet Gynecol Rep. 2017 Mar;6(1):34-41. doi: 10.1007/s13669- 017-0187-1. Epub 2017 Jan 27.

98. Picca A, Fracasso F, Pesce V, Cantatore P, Joseph AM, Leeuwenburgh C, Gadaleta MN, Lezza AM. Age- and calorie restriction-related changes in rat brain mitochondrial DNA and TFAM binding. Age (Dordr). 2013 Oct;35(5):1607-20. doi: 10.1007/s11357-012-9465-z. Epub 2012 Sep 4.

99. Ploumi C, Daskalaki I, Tavernarakis N. Mitochondrial biogenesis and clearance: a balancing act. FEBSJ. 2017 Jan;284(2):183-195. doi: 10.1111/febs.13820. Epub 2016 Aug 11.

100.Prior SL, Clark AR, Jones DA, Bain SC, Hurel SJ, Humphries SE, Stephens JW. Association of the PGC-1a rs8192678 variant with microalbuminuria in subjects with type 2 diabetes mellitus. Dis Markers. 2012;32(6):363-9. doi: 10.3233/DMA-2012- 0894.

R

101.Rangwala SM, Li X, Lindsley L, Wang X, Shaughnessy S, Daniels TG, Szustakowski J, Nirmala NR, Wu Z, Stevenson SC. O recetor alfa relacionado com os estrogénios é essencial para a expressão de genes de proteção antioxidante e para a função mitocondrial.Biochem Biophys Res Commun. 2007 May 25;357(1):231-6. doi: 10.1016/j.bbrc.2007.03.126. Epub 2007 Mar 28.

102.Reddy TV, Govatati S, Deenadayal M, Shivaji S, Bhanoori M. Polimorfismos nos genes TFAM e PGC1-a e sua associação com a síndrome dos ovários poliquísticos em mulheres do sul da Índia. Gene. 2018 Jan 30;641:129-136. doi: 10.1016/j.gene.2017.10.010. Epub 2017 Out 10.

103.Reddy TV, Govatati S, Deenadayal M, Sisinthy S, Bhanoori M. Impact of mitochondrial DNA copy number and displacement loop alterations on polycystic ovary syndrome risk in south Indian women. Mitochondrion. 2019 Jan; 44: 35-40. doi: 10.1016 / j.mito.2017.12.010. Epub 2017 Dec 24.

104.Ren Z, Yang H, Wang C, Ma X. Os efeitos da PGC-1a na proliferação e no metabolismo energético das células malignas do cancro do endométrio. Onco Targets Ther. 2015 Abr

9;8:769-74. doi: 10.2147/OTT.S79960. eCollection 2015.

105.Reznik E, Miller ML, Şenbabaoglu Y, Riaz N, Sarungbam J, Tickoo SK, Al-Ahmadie HA, Lee W, Seshan VE, Hakimi AA, Sander C. Mitochondrial DNA copy number variation across Human cancers. Elife. 2016 Feb 22;5:el0769. doi: 10.7554/eLife.l0769.

106.Ricca C, Aillon A, Bergandi L, Alotto D, Castagnoli C, Silvagno F. O recetor de vitamina D é necessário para a função mitocondrial e a saúde celular. Int J Mol Sci. 2018 Jun 5;19(6):1672. doi: 10.3390/ijms19061672.PMID: 29874855

107.Rogers PA, D'Hooghe TM, Fazleabas A, Giudice LC, Montgomery GW, Petraglia F, Taylor RN. Definindo direções futuras para a pesquisa em endometriose: relatório do workshop do Congresso Mundial de Endometriose de 2011 em Montpellier, França. Reprod Sci. 2013 May;20(5):483-99. doi: 10.1177/1933719113477495. Epub 2013 Feb 20.

108.Rolla E.F Endometriose: avanços e controvérsias na classificação, patogênese, diagnóstico e tratamento. lOOORes. 2019 Apr 23;8:F1000 Faculty Rev-529, doi: 10.12688/fl000research.l4817.1. eCollection 2019.

S

109.Salamonsen LA, Hannan NJ, Dimitriadis E. Cytokines and chemokines during human embryo implantation: roles in implantation and early placentation. Semin Reprod Med. 2007 Nov;25(6):437-44. doi: 10.1055/s-2007-991041.

110.Sampson JA: Endometriose peritoneal devido à disseminação menstrual de tecido endometrial na cavidade peritoneal. *American Journal of Obstetrics & Gynecology.* 1927; 14(4): 422-469.

111.Santos JM, Mishra M, Kowluru RA. Modificação pós-traducional do fator de transcrição mitocondrial A na biogênese prejudicada das mitocôndrias: implicações na retinopatia diabética e no fenômeno da memória metabólica. Exp Eye Res. 2014 Abr;121:168-77. doi: 10.1016/j.exer.2014.02.010. Epub 2014 Mar 4.

112.Savkur RS, Bramlett KS, Stayrook KR, Nagpal S, Burris TP.Coactivação do recetor humano de vitamina D pelo coactivador-1 alfa do recetor gama ativado por proliferador de peroxissoma. Mol Pharmacol. 2005Aug   ;68(2):511-7. doi: 10.1124/mol.105.012708. Epub 2005 May 20.PMID: 15908514

113.Scutiero G, Iannone P, Bernardi G, Bonaccorsi G, Spadaro S, Volta CA, Greco P, Nappi L. Oxidative Stress and Endometriosis: A Systematic Review of the Literature. Oxid Med Cell Longev. 2017;2017:7265238. doi: 10.1155/2017/7265238. Epub 2017 Sep 19.

114.Sharma P, Sampath H. Mitochondrial DNA Integrity: Role in Health and Disease. Cells. 2019 Jan 29;8(2):100. doi: 10.3390/cells8020100.

115.Shen J, Platek M, Mahasneh A, Ambrosone CB, Zhao H. Mitochondrial copy number and risk of breast cancer: a pilot study. Mitochondrion. 2010 Jan;10(l):62-8. doi: 10.1016/j.mito.2009.09.004. Epub 2009 Sep 27.

116.Siddamalla S, Reddy TV, Govatati S, Erram N, Deenadayal M, Shivaji S, Bhanoori M. Vitamin D recetor gene polymorphisms and risk of polycystic ovary syndrome in South Indian women. Gynecol Endocrinol. 2018 Feb;34(2): 161-165. doi: 10.1080/09513590.2017.1371128. Epub 2017 Sep 3.

117.Silvagno F, Consiglio M, Foglizzo V, Destefanis M, Pescarmona G. Mitochondrial translocation of vitamin D recetor is mediated by the permeability transition pore in human keratinocyte cell line. PLoS One. 2013;8(1):e54716. doi: 10.1371/journal.pone.0054716. Epub 2013 Jan 22.PMID: 23349955

118.Smuc T, Hevir N, Ribic-Pucelj M, Husen B, Thole H, Rizner TL. Perturbação da ação dos estrogénios e da progesterona na endometriose ovárica. Mol Cell Endocrinol. 2009 Mar 25;301(1-2):59-64. doi: 10.1016/j.mce.2008.07.020. Epub 2008 Aug 13.

119.Somigliana E, Panina-Bordignon P, Murone S, Di Lucia P, Vercellini P, Vigano P. A reserva de vitamina D é mais elevada em mulheres com endometriose. Hum Reprod. 2007 Aug;22(8):2273-8. doi: 10.1093/humrep/dem142. Epub 2007 Jun 4.PMID: 17548365

120.Steinbacher P, Feichtinger RG, Kedenko L, Kedenko I, Reinhardt S, Schonauer AL, Leitner I, Sanger AM, Stoiber W, Kofler B, Forster H, Paulweber B, Ring-Dimitriou S. O polimorfismo de nucleótido único Gly482Ser no gene PGC-1a prejudica a transformação das fibras musculares de contração lenta induzida pelo exercício em seres humanos. PLoS One. 2015 Apr 17;10(4):e0123881. doi: 10.1371/journal.pone.0123881. eCollection 2015.

121.St-Pierre J, Drori S, Uldry M, Silvaggi JM, Rhee J, Jager S, Handschin C, Zheng K, Lin J, Yang W, Simon DK, Bachoo R, Spiegelman BM. Supressão de espécies reactivas de oxigénio e neurodegeneração pelos coactivadores transcricionais PGC-1. Cell. 2006 Oct 20;127(2):397-408. doi: 10.1016/j.cell.2006.09.024.

122.Suganuma I, Mori T, Ito F, Tanaka Y, Sasaki A, Matsuo S, Kusuki I, Kitawaki J. Peroxisome proliferator-activated recetor gamma, coactivator 1a enhances local estrogen biosynthesis by stimulating aromatase activity in endometriosis. J Clin Endocrinol Metab. 2014 Jul; 99 (7): E1191-8. doi: 10.1210 / jc.2013-2525. Epub 2014 Mar21.

123.Sun J, Zhang J, Tian J, Virzi GM, Digvijay K, Cueto L, Yin Y, Rosner MH, Ronco C. Mitocôndrias na LRA induzida por sepse. J Am Soc Nephrol. 2019 Jul; 30 (7): 1151-1161. doi: 10.1681 / ASN.2018111126. Epub 2019 May 10.

124.Szczepanska M, Mostowska A, Wirstlein P, Skrzypczak J, Misztal M, Jagodzinski PP. Variantes polimórficas nos genes da via de sinalização da vitamina D e o risco de infertilidade associada à endometriose. Mol Med Rep. 2015 Nov; 12 (5): 7109-15. doi: 10.3892 / mmr.2015.4309. Epub 2015 Sep 10.PMID: 26398313 T

125.Taherzadeh-Fard E[1] , Saft C, Akkad DA, Wieczorek S, Haghikia A, Chan A, Epplen JT, Arning L. Os factores de transcrição PGC-1alpha a jusante NRF-1 e TFAM são modificadores genéticos da doença de Huntington. Mol Neurodegener. 2011 May 19;6(1):32. doi: 10.1186/1750-1326-6-32.

126.Tang Q, Chen Y, Wu W, Ding H, Xia Y, Chen D, Wang X. Infertilidade masculina idiopática e polimorfismos nos genes da DNA metiltransferase envolvidos na marcação epigenética._Sci Rep. 2017 Sep 11;7(1):11219. doi: 10.1038/s41598-017-11636-9.

127.Tang Y, Yu S, Liu Y, Zhang J, Han L, Xu Z. MicroRNA-124 controla o interrutor fenotípico da célula muscular lisa vascular humana viaSp1. Am J Physiol Heart Circ Physiol. 2017 Set 1; 313 (3): H641-H649. doi: 10.1152 / ajpheart.00660.2016. Epub 2017Jun 30.

128.Taylor RN, Lebovic DI, Mueller MD. Angiogenic factors in endometriosis. Ann N Y Acad Sci. 2002 Mar;955:89-100; discussão 118, 396-406.

129.Triantos C, Aggeletopoulou I, Kalafateli M, Spantidea PI, Vourli G, Diamantopoulou G, Tapratzi D, Michalaki M, Manolakopoulos S, Gogos C, Kyriazopoulou V, Mouzaki A, Thomopoulos K. Significado prognóstico dos polimorfismos do gene do recetor de vitamina D (VDR) na cirrose hepática. Sci Rep. 2018 Sep 14;8(1):14065. doi: 10.1038/s41598-018-32482-3.

130.Tuttlies F, Keckstein J, Ulrich U, Possover M, Schweppe KW, Wustlich M, Buchweitz O, Greb R, Kandolf O, Mangold R, Masetti W, Neis K, Rauter G, Reeka N, Richter O, Schindler AE, Sillem M, Terruhn V, Tinneberg HR. [ENZIAN-score, uma classificação da endometriose infiltrativa profunda]. Zentralbl Gynakol. 2005 Oct;127(5):275-81. doi: 10.1055/s-2005-836904.

U

131.Ueda S, Shimasaki M, Ichiseki T, Hirata H, Kawahara N, Ueda Y. O fator de transcrição mitocondrial A adicionado aos osteócitos em um ambiente estressado tem um efeito citoprotetor. Int J Med Sci. 2020 23 de maio; 17 (9): 1293-1299. doi: 10.7150 / ijms.45335. eCollection 2020.

V

132.Van Etten E, Decallonne B, Verlinden L, Verstuyf A, Bouillon R, Mathieu C. Análogos da 1alfa,25-dihidroxivitamina D3 como imunomoduladores pluripotentes. J Cell Biochem. 2003 Feb 1;88(2):223-6. doi: 10.1002/jcb.10329.PMID: 12520518

133.Van Houten B, Woshner V, Santos JH. Papel do DNA mitocondrial nas respostas tóxicas ao stress oxidativo. DNA Repair (Amst). 2006 Feb 3;5(2):145-52.

134.Vassilopoulou L, Matalliotakis M, Zervou MI, Matalliotaki C, Krithinakis K, Matalliotakis I, Spandidos DA, Goulielmos GN. Definição do perfil genético da endometriose. Exp Ther Med. 2019May ;17(5):3267-3281. doi: 10.3892/etm.2019.7346. Epub 2019 Mar 6.

135.Vega RB, Huss JM, Kelly DP. O coactivador PGC-1 coopera com o recetor alfa ativado por proliferador de peroxissoma no controlo transcricional de genes nucleares que codificam enzimas de oxidação de ácidos gordos mitocondriais. Mol Cell Biol. 2000 Mar;20(5):1868-76. doi: 10.1128/MCB.20.5.1868-1876.2000.

136.Veltri RW, Miller MC, Zhao G, Ng A, Marley GM, Wright GL Jr, Vessella RL, Ralph D. Interleukin-8 serum levels in patients with benign prostatic hyperplasia and prostate cancer. Urology. 1999 Jan;53(l):139-47. doi: 10.1016/s0090-4295(98)00455- 5.

137.Vercellini P, Vigano P, Somigliana E, Fedele L.Nat Rev Endocrinol. Endometriose: patogénese e tratamento. 2014May ;10(5):261-75. doi: 10.1038/nrendo.2013.255. Epub 2013 Dec 24.

138.Vigano P, Lattuada D, Mangioni S, Ermellino L, Vignali M, Caporizzo E, Panina-Bordignon P, Besozzi M, Di Blasio AM. Cycling and early pregnant endometrium as a site of regulated expression of the vitamin D system. J Mol Endocrinol. 2006 Jun;36(3):415-24. doi: 10.1677/jme.1.01946.PMID: 16720713

139.Vigano P, Somigliana E, Chiodo I, Abbiati A, Vercellini P. Mecanismos moleculares e plausibilidade biológica subjacentes à transformação maligna da endometriose: uma análise crítica. Hum Reprod Update. 2006 Jan-Fev;12(1):77-89. doi: 10.1093/humupd/dmi037. Epub 2005 Sep 19.

140.Vilarino FL, Bianco B, Lerner TG, Teles JS, Mafra FA, Christofolini DM, Barbosa CP. Análise dos polimorfismos do gene do recetor da vitamina D em mulheres com e sem endometriose. Hum Immunol. 2011Apr ;72(4):359-63. doi: 10.1016/j.humimm.2011.01.006. Epub 2011 Jan 26.

W

141.Wang L, Lu X, Wang D, Qu W, Li W, Xu X, Huang Q, Han X, Lv J. A variante do gene CYP19 confere suscetibilidade à infertilidade associada à endometriose em mulheres chinesas. Exp Mol Med. 2014 Jun 27;46(6):el03. doi: 10.1038/emm.2014.31.

142.Wang Y, Bogenhagen DF. Human mitochondrial DNA nucleoids are linked to protein folding machinery and metabolic enzymes at the mitochondrial inner membrane. J Biol Chem. 2006 Sep l;281(35):25791-802. doi: 10.1074/jbc.M604501200. Epub 2006 Jul 6.

143.Warren LA, Shih A, Renteira SM, Seckin T, Blau B, Simpfendorfer K, Lee A, Metz CN, Gregersen PK. Analysis of menstrual effluent: diagnostic potential for endometriosis. Mol Med. 2018 Mar 19;24(1):1. doi: 10.1186/sl0020-018-0009-6.

144.Wilkins HM, Harris JL, Carl SM, E L, Lu J, Eva Selfridge J, Roy N, Hutfles L, Koppel S, Morris J, Burns JM, Michaelis ML[8] , Michaelis EK[8] , Brooks wm9, Swerdlow RH[10] . O oxaloacetato ativa a biogénese mitocondrial do cérebro, melhora a via da insulina, reduz a inflamação e estimula a neurogénese. Hum Mol Genet. 2014 Dez 15; 23 (24): 6528-41. doi: 10.1093 / hmg / ddu371. Epub 2014 Jul 15.

X

145.Xia CY, Liu Y, Yang HR, Yang HY, Liu JX, Ma YN, Qi Y. Intervalos de referência do número de cópias do ADN mitocondrial no sangue periférico de menores e adultos chineses. Chin Med J (Engl). 2017 Oct 20;130(20):2435-2440. doi: 10.4103/03666999.216395.

146.Xia W, Chen N, Peng W, Jia X, Yu Y, Wu X, Gao H. Uma meta-análise sistemática revelou uma associação entre PGC-1alpha rs8192678 Polymorphism in Type 2 Diabetes Mellitus. Marcadores de Dis. 2019 Mar 3;2019:2970401. doi: 10.1155/2019/2970401. eCollection 2019.

Y

147.Yang H, Yang R, Liu H, Ren Z, Kong F, Li D, Ma X. Sinergismo entre PGC-1a e estrogénio na sobrevivência de células cancerígenas do endométrio através da via mitocondrial. Onco Targets Ther. 2016 Jun 30;9:3963-73. doi: 10.2147/OTT.S103482. eCollection 2016.

148.Yang Y, Zhou L, Lu L, Wang L, Li X, Jiang P, Chan LK, Zhang T, Yu J, Kwong J, Cheung TH, Chung T, Mak K, Sun H, Wang H. Um novo eixo regulador miR-193a-5p-YY1-APC no adenocarcinoma endometrial endometrioide humano. Oncogene. 2013 Jul 18;32(29):3432-42. doi: 10.1038/onc.2012.360. Epub 2012 Aug 20.

149.Yen CF, Kim MR, Lee CL. Epidemiologic Factors Associated with Endometriosis in East Asia (Factores Epidemiológicos Associados à Endometriose na Ásia Oriental). Gynecol Minim Invasive Ther. 2019 Jan-Mar;8(l):4-ll. doi: 10.4103/GMIT. GMIT_83_18. Epub 2019 Jan 23.

150.Yoshizawa T, Handa Y, Uematsu Y, Takeda S, Sekine K, Yoshihara Y, Kawakami T, Arioka K, Sato H, Uchiyama Y, Masushige S, Fukamizu A, Matsumoto T, Kato S. Os ratinhos que não possuem o recetor da vitamina D apresentam uma formação óssea deficiente, hipoplasia uterina e atraso de crescimento após o desmame. 1997 Aug;16(4):391-6. doi: 10.1038/ng0897-391.

Z

151.Zanello LP, Norman AW. A modulação rápida das respostas dos canais iónicos dos osteoblastos pela 1alfa,25(OH)2-vitamina D3 requer a presença de um recetor nuclear de vitamina D funcional. Proc Natl Acad Sci USA. 2004 Feb 10;101(6):1589-94. doi: 10.1073/pnas.0305802101. Epub 2004 Feb 2.PMID: 14757825

152.Zhang F, Yang Y, Wang Y. Associação entre o polimorfismo TGF-beta1-509C/T e a endometriose: uma revisão sistemática e meta-análise. Eur J Obstet Gynecol Reprod Biol. 2012 Oct;164(2):121-6. doi: 10.1016/j.ejogrb.2012.05.004. Epub 2012 May23.

153.Zhang QY[1] , Guan Q, Wang Y, Feng X, Sun W, Kong FY, Wen J, Cui W, Yu Y, Chen ZY. O polimorfismo do BDNF Val66Met está associado à endometriose de estádio III-IV e a um mau resultado da fertilização in vitro. Hum Reprod. 2012 Jun;27(6):1668-75. doi: 10.1093/humrep/des094. Epub 2012 Mar 23.

154.Zhu L, Sun G, Zhang H, Zhang Y, Chen X, Jiang X, Jiang X, Krauss S, Zhang J, Xiang Y, Zhang CY. PGC-1alphais a key regulator of glucose-induced proliferation and migration in vascular smooth muscle cells. PLoS One. 2009;4(l):e4182. doi: 10.1371/journal.pone.0004182. Epub 2009 Jan 14.

155.Zondervan K, Cardon L, Desrosiers R, Hyde D, Kemnitz J, Mansfield K, Roberts J, Scheffler J, Weeks DE, Kennedy S. The genetic epidemiology of spontaneous endometriosis in the rhesus monkey. Ann N Y Acad Sci. 2002 Mar;955:233-8; discussão 293-5, 396-406. doi: 10.1111/j.l749-6632.2002.tb02784.x.

156.Zondervan KT, Becker CM, Koga K, Missmer SA, Taylor RN, Vigano P. Endometriosis. Nat Rev Dis Primers. 2018 Jul 19;4(1):9. doi: 10.1038/s41572-018- 0008-5.

157.Zondervan KT, Becker CM, Missmer SA. Endometriose. N Engl J Med. 2020 Mar 26;382(13):1244-1256. doi: 10.1056/NEJMra1810764.

Buy your books fast and straightforward online - at one of world's fastest growing online book stores! Environmentally sound due to Print-on-Demand technologies.

Buy your books online at
www.morebooks.shop

Compre os seus livros mais rápido e diretamente na internet, em uma das livrarias on-line com o maior crescimento no mundo! Produção que protege o meio ambiente através das tecnologias de impressão sob demanda.

Compre os seus livros on-line em
www.morebooks.shop

MIX
Papier aus verantwortungsvollen Quellen
Paper from responsible sources
FSC® C105338

Printed by Books on Demand GmbH, Norderstedt / Germany